Sommertraining Mathematik zur Vorbereitung für die 2. Klasse

WILLKOMMEN IM SOMMER!

Hoffentlich ist das letzte Schuljahr schön für dich gewesen und du startest jetzt fröhlich in deine Sommerferien. Damit du nicht alles in den nächsten Wochen vergisst und gut vorbereitest auf das nächste Jahr bist, haben wir spannende Aufgaben zu interessanten Themen zusammengestellt. Manchmal sind diese mathematisch, manchmal sollen sie einfach zum Nachdenken anstoßen. Lösungen finden deine Eltern oder du in der Mitte des Heftes. Diese kannst du herausnehmen und später mit deiner ausgefüllten Seite vergleichen.

Wir hoffen du hast viel Spaß mit dem Sommertraining und wünschen dir jetzt schon alles Gute und viel Spaß für das nächste Schuljahr.

Carina Heiss und Thomas Schroffenegger

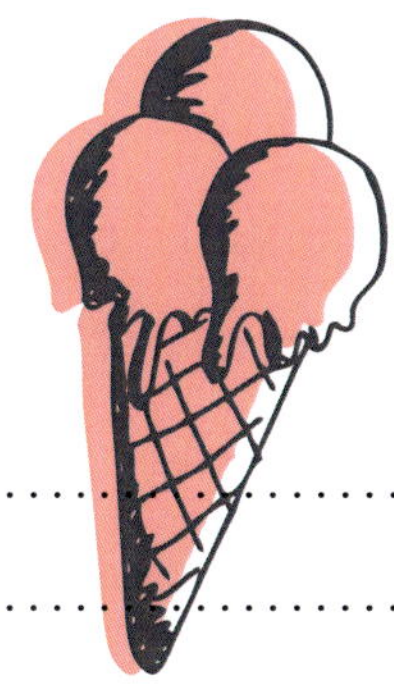

Inhaltsverzeichnis

Superhelden, Schurken und Spione

Kannst du den Code knacken?

In diesem Bild findest du viele verschiedene Winkelgrößen. Streiche stumpfe Winkel und erhabene Winkel, sodass nur spitze Winkel übrig bleiben! Addiere die verbliebenen Zahlen! Das Endergebnis kommt ebenfalls im Bild vor!

210° 46° 39° 18° 333° 25° 196° 70° 104° 7° 96° 145° 325° 275° 45° 83°

Über welche Eigenschaften sollte ein Superheld deiner Meinung nach verfügen?

Notiere die vier Wichtigsten!

______
______
______
______

Wo ist die Beute versteckt?

In einem spektakulären Raubüberfall erbeuteten zwei Verbrecher eine große Menge an Diamanten. Aus Angst von der Polizei gefasst zu werden, vergruben sie die Diamanten in einem Waldversteck. Einer der beiden Räuber wurde nun gefasst. Damit er nicht so lange ins Gefängnis muss, ist er bereit, die Karte, die zum Diamantenversteck führt, auszuhändigen. Wo ist die Beute versteckt? ______

Hinweise:

1. Konstruiere eine Gerade durch die Punkte D und K!
2. Zeichne einen Strahl, von H ausgehend, durch den Punkt E!
3. Konstruiere eine Strecke durch die Punkte A und E!
4. Zeichne eine Normale auf die Strecke aus Hinweis 3 durch den Punkt C!
5. Konstruiere eine Parallele zur Strecke aus Hinweis 3 durch den Punkt M!
6. Zeichne eine Strecke durch die Punkte H und D!

Die Diamanten sind in dem Punkt versteckt, der dreimal getroffen wird!

Noch mehr Beute verschollen!

Die Verbrecher haben anscheinend nicht nur Diamanten, sondern auch in mehreren Banken Geld erbeutet. Gib in Ziffernschreibweise an!

Bank 1	1 M 3 HT 1 T 4 H €	€
Bank 2	6 HT 4 ZT 6 H €	€
Bank 3	2 M 1 HT 6 T 8 Z €	€
Bank 4	4 HT 6 ZT 2 T €	€

Wie viel haben die Bankräuber insgesamt erbeutet? ______ €

Runde die Summe auf Zehntausender! ______ €

Batmans Garage

Batman bekämpft seine Gegner vor allem mit seiner hervorragenden Intelligenz. Trotzdem braucht er jetzt deine Hilfe. Batman lässt für sein neues Haus in Gotham City eine Garage für sein Batmobil bauen, in der auch noch Platz für andere geheime Sachen sein soll. Da niemand das Batmobil sehen soll, muss er den Boden in der Garage selbst verlegen.

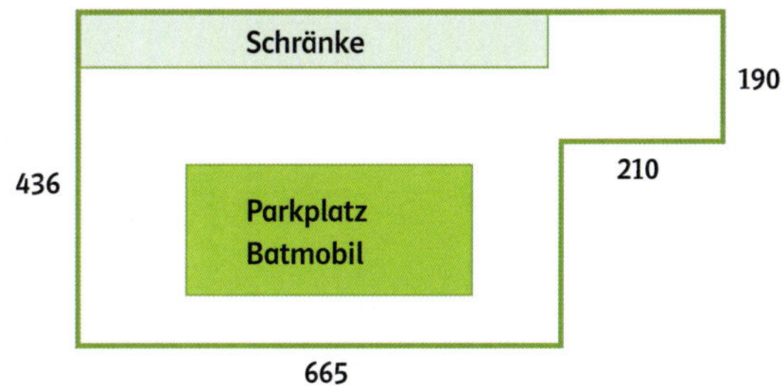

Wie viele Quadratmeter Fliesen muss er mindestens besorgen um die gesamte Garage zu verfliesen? Ignoriere den Verschnitt! Die Angaben im Plan sind in cm.

Alte Superhelden

Viele der Superhelden gibt es schon ganz schön lange.

Superman	1938	Spiderman	1962
Batman	1939	The Flash	1940
Wonder Woman	1941	Iron Man	1963

Ordne die Jahreszahlen der Größe nach!

_____________ < _____________ < _____________ < _____________ < _____________ < _____________

Superman-Sudoku

Viele halten das Lösen eines Sudokus ebenfalls für eine Superkraft. Kannst du dieses Sudoku lösen?

In jeder Zeile, jeder Spalte und jedem 9-er Block dürfen die Ziffern 1 bis 9 nur genau einmal vorkommen. Außerdem sind in jedem grünen Feld nur ungerade Zahlen und in jedem weißen Feld nur gerade Zahlen.

3	7		2	4	9		6	
	4	2		1			5	3
	8	9	6	3		4		
		6			3	2		
5			4	9		8	3	1
8	9			5		6		
		1	9	2		5		
2			3			7	4	
	6	4	5		8	3		2

TIERE IM WALD

Spurensuche im Wald

Führe die folgenden Rechnungen durch: Die erste Ziffer des Ergebnisses gibt dir die Zeile, die letzte Ziffer die Spalte in der Tabelle an. So bekommst du, von hinten nach vorne gelesen, die fünf Buchstaben des Lösungswortes.

6 379 − 1 492 = ____________

2 964 : 26 = ____________

1 357 + 2 486 = ____________

85 · 16 = ____________

2 204 : 29 = ____________

Lösungswort: _ _ _ _ _

	0	1	2	3	4	5	6	7	8	9
0	K	N	O	S	E	L	Y	W	C	V
1	U	W	Y	Q	H	V	K	T	I	M
2	J	D	M	Y	I	Q	B	R	Q	D
3	H	R	F	C	S	J	E	A	U	K
4	B	F	W	G	P	U	O	S	W	B
5	Q	P	Z	J	E	K	L	K	G	N
6	T	R	A	N	C	C	T	I	D	O
7	X	C	X	S	Z	B	F	E	J	H
8	T	A	Z	T	H	X	U	U	L	M
9	M	G	K	F	V	A	P	H	X	T

Wusstest du, dass ...

... es in Österreich etwa 36 000 km^2 Wald gibt?
Das ist mehr als 40 % der Fläche von Österreich!

Symmetrische Tiere

Vervollständige uns zu symmetrischen Figuren! Du kannst uns dann auch anmalen.

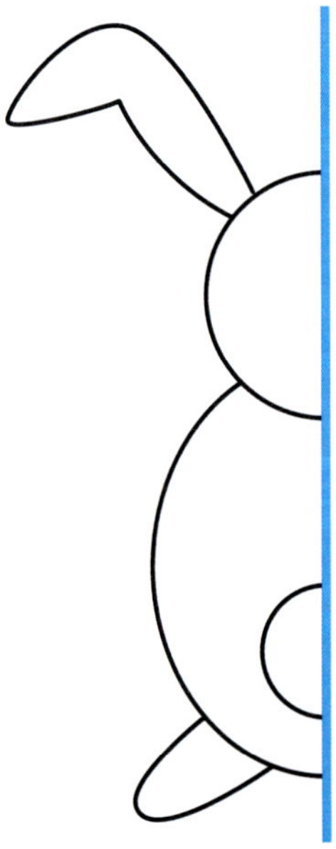

Viel Holz im Wald

Vervollständige die Rechenbaumstämme durch Addition!

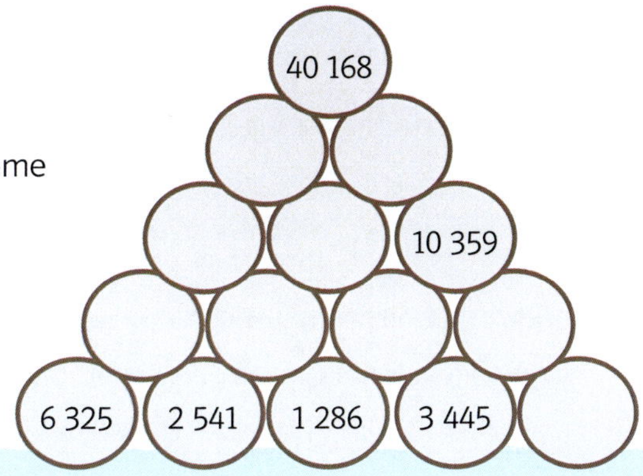

Das Winterquartier

Martin möchte für die Vögel im Wald einen Nistkasten bauen. Da es sein erster Versuch ist, hat er sich vorgenommen einen Quader zu bauen. Der Nistkasten soll 30 cm hoch, und jeweils 20 cm lang und breit sein.

Kannst du berechnen, wie viel Quadratmeter Holz Martin im Baumarkt kaufen muss?

Ein gut verstecktes Waldtier

Ein weiteres Waldtier ist gesucht! Löse die Rechnungen um es zu finden!

Achtung! Nur ein Weg bringt dich zum Lösungswort! ______________________

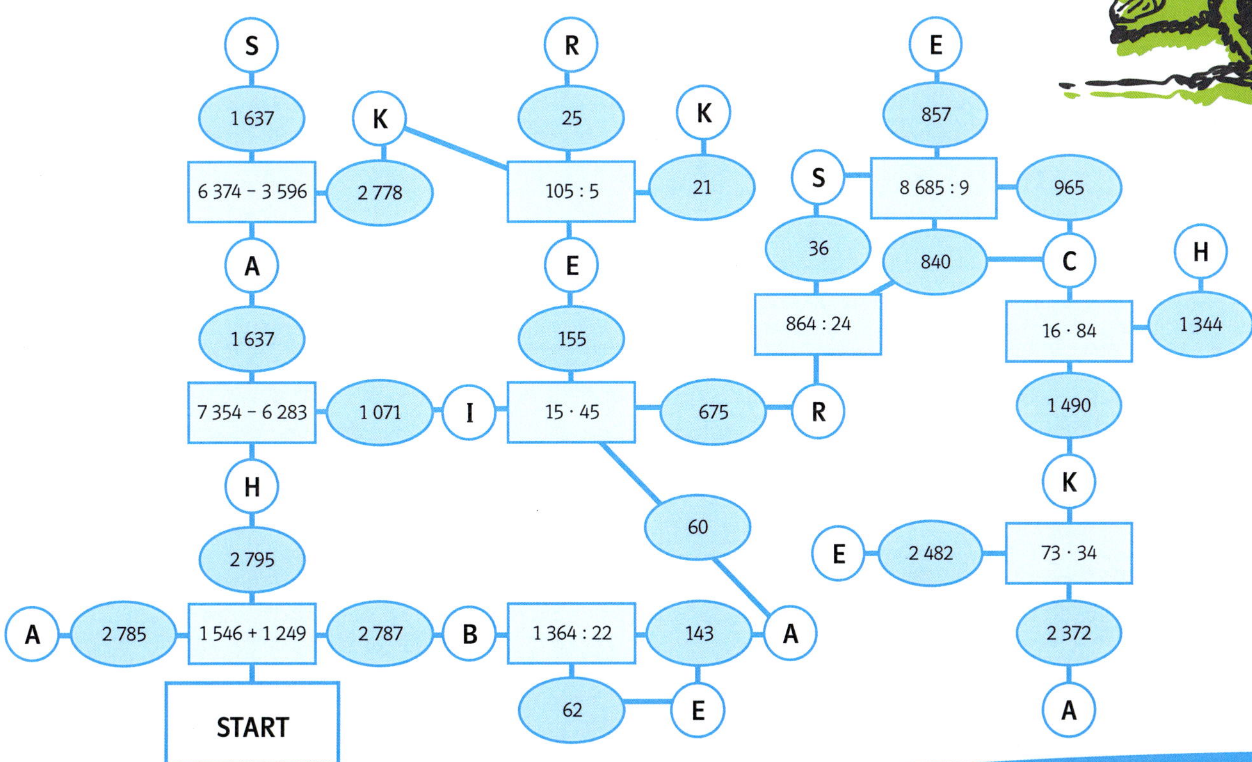

MIT DEM FAHRRAD UNTERWEGS

Ein Fahrradausflug

Teresa hat sich verfahren und findet nicht mehr nach Hause. Kannst du ihr helfen?
Nimm eine Uhr und stoppe, wie viele Sekunden du brauchst, um den Weg zu finden!

Trotz deiner Hilfe hat Teresa insgesamt 1 830 Sekunden gebraucht, um nach Hause zu finden.

1 830 Sekunden entspricht ________ min ________ sec

Wie viele Stunden sind das etwa? ________ h.

Mit dem Fahrrad in die Schule

Lena fährt die Strecke von Zuhause in die Schule mit ihrem Fahrrad. Diese Strecke ist 5,2 km lang. Wenn sich das Vorderrad einmal ganz herum dreht, legt sie 260 cm zurück. Sie benötigt für die ganze Strecke 18 Minuten. Ein Schuljahr hat etwa 180 Schultage.

Die Schule ist ________ m von Lenas Zuhause entfernt.

Die Strecke von 260 cm entspricht genau ________ m.

Wenn Lena von Zuhause in die Schule fährt, dreht sich ihr Vorderrad ________ mal. Wenn Lena jeden Tag in die Schule und wieder zurück fährt, verbringt sie täglich ________ Minuten auf dem Fahrrad.

Lena fährt immer mit dem Fahrrad und legt daher in einem ganzen Schuljahr ________ km zurück. Sie sitzt somit insgesamt ________ Minuten auf dem Fahrrad. Das entspricht umgerechnet ________ Stunden und ________ Minuten **oder** ________ Tage ________ Stunden ________ Minuten.

Zeitdauer & Umdrehungen

Verwandle in Tage (d), Stunden (h), Minuten (min) und Sekunden (s).

120 min = ________ h	0,5 h = ________ min	120 h = ________ d
240 s = ________ min	48 h = ________ d	12 h = ________ d
12 h = ________ min	12,5 min = ________ s	3 d = ________ h

Wie oft dreht sich ein Rad vollständig, wenn es mit einer Umdrehung 260 cm zurücklegt?

Bei einer Strecke von 100 m dreht sich das Rad ________ mal

Bei einer Strecke von 2,5 km dreht sich das Rad ________ mal

Bei einer Strecke von 40 000 cm dreht sich das Rad ________ mal

Mein Traum-Fahrrad

Neben einem guten Rahmen, zwei Bremsen und einer 21-Gang Schaltung kannst du dir mit deinen Ersparnissen im Fahrradgeschäft **weiteres Zubehör für 221,– €** aussuchen. Überlege gut, auf welche Teile man nicht verzichten sollte! Viele der Teile sind **gesetzlich** vorgeschrieben! Übertrage die Preise deiner Wunschteile in die Spalte mit der Überschrift **Auswahl** und addiere!

Zubehörteil	Preis (€)	Auswahl
A) Fahrradhelm	77,–	
B) Handy Halterung	16,–	
C) Speichenrückstrahler	6,–	6,–
D) Trinkflasche	12,–	
E) Wimpel mit Stange	34,–	
F) Lichtanlage mit Dynamo	14,–	
G) Fahrradklingel	6,–	
H) Pedalrückstrahler	6,–	
I) Federung vorne	73,–	
J) Roter Rückstrahler	4,–	
K) Fahrradradio	66,–	
L) Lichtanlage mit Batterie	18,–	
M) Hupe	22,–	
N) Fahrradkorb	68,–	
O) Gepäckstráger	56,–	
Summe		

Wieviel kostet das ausgesuchte Zubehör? ________ €

Wieviel Geld bleibt dir nach dem Kauf übrig? ________ €

Wieviel kosten die restlichen Zubehörteile zusammen? ________ €

Male den Fahrradrahmen nach deinen Wünschen an und zeichne die gekauften Zubehörteile dazu.

UNTERWEGS DURCH ÖSTERREICH

Höchster und tiefster Punkt

Der höchste Punkt Österreichs ist der Großglockner mit 3 798 m über dem Meeresspiegel, der tiefste Punkt ist der Hedwighof in der Gemeinde Apetlon im Burgenland mit 114 m über dem Meeresspiegel.

Wie groß ist der Höhenunterschied? ______________________

Österreichs Einwohner

In der Tabelle findest du die Einwohnerzahlen von sechs österreichischen Landeshauptstädten. Sie sollen auf die in der Klammer angegebene Einheit gerundet werden. Die Buchstaben der richtigen Lösungen ergeben eine deutsche Grenzstadt. **Lösungswort:** __ __ __ __ __ __

Wien (T)	1 840 573	**P** 1 841 000	**L** 1 840 600	**K** 2 000 000	**F** 1 800 000
Bregenz (ZT)	29 139	**I** 29 000	**O** 29 140	**A** 30 000	**E** 29 100
Innsbruck (H)	130 894	**G** 100 000	**S** 130 900	**N** 131 000	**L** 130 890
Graz (HT)	280 200	**S** 300 000	**D** 280 000	**P** 281 000	**K** 200 000
Eisenstadt (T)	14 214	**E** 10 000	**T** 14 240	**F** 14 200	**A** 14 000
Linz (H)	200 841	**E** 201 000	**U** 200 800	**N** 200 000	**R** 200 840

Sommerferien in Österreich

Konstantin macht mit seiner Familie eine Reise nach Vorarlberg. Sie fahren mit dem Nachtzug von Wien Hauptbahnhof nach Feldkirch. Der Zug fährt um 22:55 ab und kommt um 07:49 an. Bei der Rückfahrt fahren sie am Tag und starten um 08:15 in Feldkirch und kommen um 14:30 in Wien an.

Wie groß ist die Zeitdauer der beiden Zugfahrten? ______________________

Station	Datum	Zeit	Prognose	Steig	Verkehrsmittel
Wien Hbf	08.05.2016	ab 22:55		7	EN EN 246
Feldkirch Bahnhof	09.05.2016	an 07:49		4C-D	

Richtung: Bregenz Bahnhof
Bemerkungen: Fahrradmitnahme: Reservierungspflicht; Fahrradmitnahme: Begrenzt möglich; Zug führt Autotransportwagen; in Sitzw. nur 2.Kl.; ÖBB Nachtreisezug (www.oebb.at); Komfortticket (IRT Integrated Reservation Ticket); Schlafwagen; Liegewagen; Imbiss und Getränke beim Schlaf-/Liegewagenbetreuer erhältlich; Rollstuhlstellplatz; Rollstuhlstellplatz - Voranmeldung unter +43 (0) 5 1717; rollstuhltaugliches WC

Station	Datum	Zeit	Prognose	Steig	Verkehrsmittel
Feldkirch Bahnhof	09.05.2016	ab 08:15		2	railjet RJ 161
Wien Hbf		an 14:30		9A-C	

Richtung: Wien Hbf
Bemerkungen: Fahrradmitnahme: Reservierungspflicht; Fahrradmitnahme: Begrenzt möglich; Reservierung möglich; mobiles Bordservice (Snacks und Getränke); Bordrestaurant; Rollstuhlstellplatz; Rollstuhlstellplatz - Voranmeldung unter +43 (0) 5 1717; Fahrzeuggebundene Einstiegshilfe; rollstuhltaugliches WC; Handy-/Ruhezonen; Kinderkino; WLAN-Service innerhalb Österreichs

Seen in Österreich

Gib alle Angaben in Ziffernschreibweise an!

Der größte See ist der Neusiedlersee. Er liegt mit (2 H 4 Z 3 E) ______________ km² in Österreich (zum Teil liegt der Neusiedlersee in Ungarn).

Platz 2 belegt der Attersee mit 4 HM 6 ZM 2 M ______________ m².

Obwohl der Bodensee mit 5 ZT 3T 6H ______________ ha der größte See ist, gehört nur ein kleiner Teil zu Österreich.

Land der Berge

Österreich hat viele hohe Berge. Das sind die Top 5:

Großglockner	3 798 m
Wildspitze	3 768 m
Weißkugel	3 739 m
Glocknerwand	3 721 m
Großvenediger	3 662 m

Wusstest du, dass …
… der östlichste Ort in Österreich Deutsch-Jahrndorf im Burgenland und der westlichste Ort Bangs bei Nofels in Vorarlberg ist?

Bilde den Mittelwert dieser 5 Höhen! An welchen Berg kommt man mit diesem Ergebnis am nächsten? Runde auf m! ______________

Wenn man noch Platz 6, den Hinteren Brochkogel mit 3 624 m hinzurechnet, verändert sich der Mittelwert. Berechne den neuen Mittelwert! Runde auf m! ______________

Sehenswürdigkeiten in Österreich

In Österreich gibt es viel zu sehen! Jede Landeshauptstadt hat bestimmte Sehenswürdigkeiten, die man auf keinen Fall verpassen darf.

Mario, Christoph, Timo und Benjamin besuchen in den Ferien die verschiedenen Landeshauptstädte und lassen sich auch die Wahrzeichen nicht entgehen. Wer besucht welche Sehenswürdigkeit? Weißt du auch in welcher Stadt die jeweilige Sehenswürdigkeit zu finden ist? Welche dieser Sehenswürdigkeit hast du selbst schon einmal gesehen?

Mario	Lindwurm
Christoph	Goldenes Dachl
Timo	Uhrturm
Benjamin	Riesenrad

AUF DEM SPORTPLATZ

Wenn zwei Sportlerinnen das gleiche Ergebnis haben, bekommen sie die gleiche Platzierung, dafür fällt der folgende Platz aus!

Wettbewerb

Martina und ihre Freundinnen veranstalten einen Leichtathletik Wettbewerb. Die Ergebnisse wurden in die Tabelle eingetragen. Gib die Platzierung der Kinder pro Disziplin an!

	Martina	Teresa	Lena	Maria	Kathi	Heike	Susanne
60-m-Lauf	10,31 s	9,11 s	9,34 s	10,09 s	11,01 s	8,97 s	9,02 s
Platzierung							
Hochsprung	0,93 m	1,12 m	1,09 m	1,21 m	0,89 m	1,12 m	0,71 m
Platzierung							
Weitsprung	4,21 m	4,30 m	4,19 m	3,89 m	4,00 m	3,51 m	4,09 m
Platzierung							
Ballwurf	34,54 m	35,79 m	22,54 m	22,45 m	29,29 m	33,55 m	34,54 m
Platzierung							

Ein neuer Sportplatz

Der Plan für den neuen Sportplatz wurde vorgestellt:

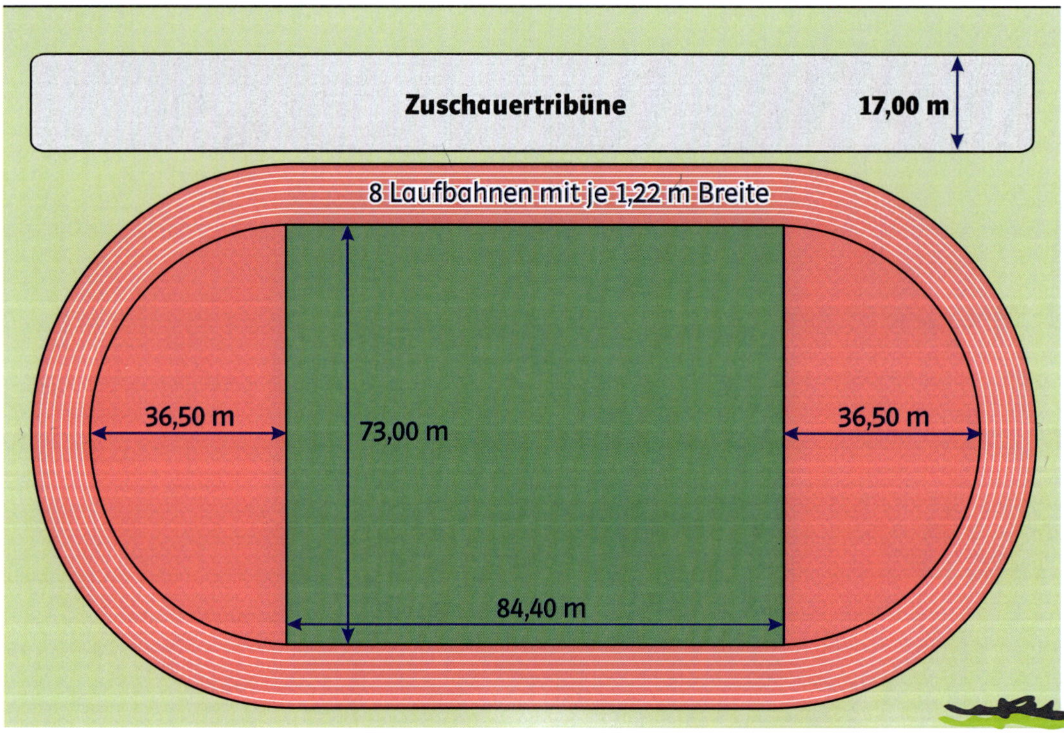

Der rote Sportbereich inklusive Sportbahn ist ______________ m lang und ______________ m breit.

Die Zuschauertribüne ist ebenso lang wie der Sportplatz. Ihre Grundfläche umfasst ______________ m².

Die Fläche der Wiese innerhalb des Sportbereichs beträgt ______________ m².

Das entspricht ______________ a oder ______________ ha.

Auf der Laufbahn

Eine Laufbahn hat eine Länge von insgesamt 400 m. Bei Laufwettbewerben gibt es unterschiedliche Streckenlängen. Gib an, wie viele Runden das auf der Laufbahn sind:

Meter	2 000 m	1 000 m	800 m	600 m	400 m	100 m	60 m	50 m
Runden					1	0,25		

Gib die Dezimalzahlen in Bruchschreibweise an und kürze so weit wie möglich!

$0{,}16 = \frac{\cancel{16}}{\cancel{100}} = \frac{4}{25}$	0,125 = ______ = ______	1,5 = ______ = ______
0,5 = ______ = ______	0,3 = ______ = ______	10,5 = ______ = ______
0,02 = ______ = ______	0,03 = ______ = ______	0,12 = ______ = ______
0,25 = ______ = ______	0,04 = ______ = ______	0,1 = ______ = ______

Welches sind deine liebsten Sportarten?

______

______

______

Eine Runde Münzfußball

Lege an jedes Ende eines Tisches ein Tor, wie im unteren Bild gezeigt. Die Spieler dürfen ihren Spielermünzen abwechselnd mit der Wäscheklammer anstoßen (schieben ist verboten). Vor jedem Spielzug darf jeder Spieler seinen Torhüter neu setzen (maximal 10 cm vom Tor entfernt). Ein Tor gilt, wenn sich der Ball mindestens zur Hälfte im Tor befindet, oder durch die hinteren beiden Streichhölzer durchfällt.

Wenn eine seitliche Torstange verschoben wird, ist der Schuss ungültig und der Gegner darf den Ball in seiner Tischhälfte neu setzen. Das Tor wird bei Beschädigung jeweils neu aufgebaut. Gewonnen hat, wer als erster 5 Tore geschossen hat.

Material:

1 Wäscheklammer
1 x 1 Cent (Ball)
2 x 10 Cent (Spieler)
2 x 50 Cent (Torhüter)
8 Streichhölzer (zwei Tore)
beliebiger Tisch

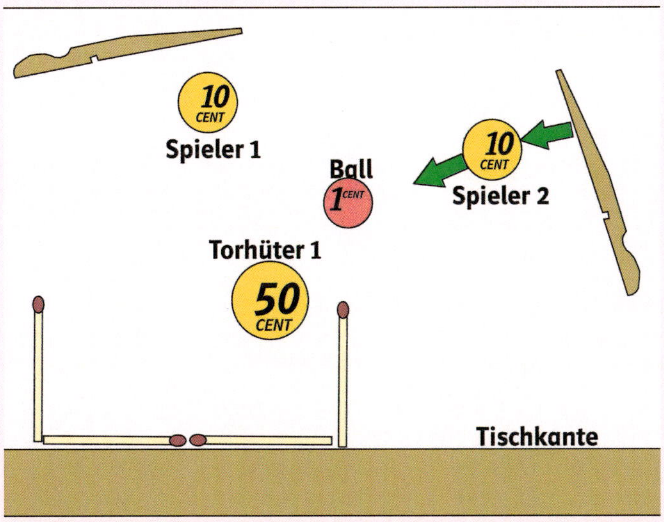

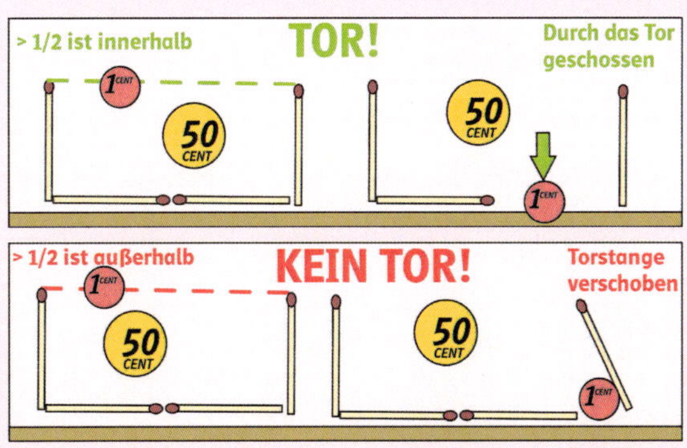

COMPUTER UND TECHNIK

Geometrie des Computers

Welche geometrische Form hat ein Computer üblicherweise? ____________________

Beschrifte dieses Modell eines Computers vollständig!

Die Eckpunkte mit A, B, C, D, E, …, H und die Kanten mit AB, BC, … .

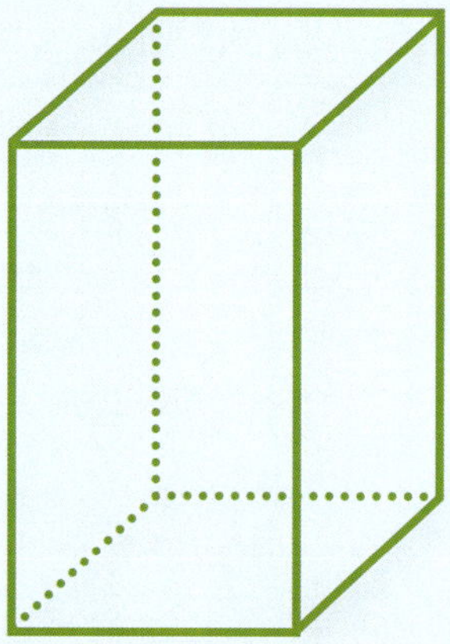

Beantworte die folgenden Fragen:

Welche Kanten schneiden einander im Punkt E des Quaders?

____

Welche Kanten liegen parallel zur Kante DH?

____

Welche vier Kanten sind windschief zur Kante FG?

____

Welche beiden Flächen eines Quaders schneiden einander in der Kante EF?

Markiere sie im Quadermodell! ____________________

Taschenrechner – Code

Auch ein moderner Taschenrechner ist eigentlich ein kleiner Computer. Wusstest du, dass du mit dem Taschenrechner auch geheime Botschaften schreiben kannst? Wenn du keinen Taschenrechner zur Hand hast, kannst du auch ein Telefon mit Nummernanzeige verwenden. Tippe die Zahl 3 8317 und drehe den Taschenrechner um. Manchmal braucht es etwas Phantasie, aber das Wort „LIEBE" ist zu erkennen!
Löse die folgenden Aufgaben (aber ohne Taschenrechner!) und betrachte anschließend die Lösungen am Taschenrechner! Daraus ergeben sich die Lösungswörter!

1. Vielleicht dein Lieblingsfach in der Schule? 3 847 · 8 294 = ____________________

Lösungswort: ____________

2. Buch, das als erstes gedruckt wurde: 48 393,74 + 25 424,26 = ____________________

Lösungswort: ____________

3. Lieblingsspeise im Sommer? 14 877 : 29 = ____________________

Lösungswort: ____________

4. Sommerlicher Farbton: 12 995 – 4 256 = ____________________

Lösungswort: ____________

5. Ein vielgetragenes Kleidungsstück: 1 22 640 : 35 = ____________________

Lösungswort: ____________

Die Rechenmaschine

Im Normalfall funktioniert jeder Computer so, dass er seine Rechenvorgänge regelmäßig überprüft. Auch du sollst nun einige Rechenaufgaben lösen, die du im Anschluss durch einen Kontrollmechanismus, ganz wie ein Computer, überprüfen kannst.

13,52 + (14,3 − 1,22 · 2,5) − 11,42 = ♦
(453,16 − 12,72 : 5,3) · (0,45 : 0,2 + 1,6) = 💧
22,15 · 0,72 + (3,451 + 1,253) = ★
(12,8 + 69,52 − 38,15) · 16 − 207,038 : 5,2 = ❄

Wusstest du, dass ...
... Computer auf dem so genannten Binärcode basieren, der nur aus 0 und 1 besteht?

Kontrolliere, indem du die Symbole einsetzt:

💧 − (♦ + ★ + ❄) = 1 034,519

Bist du schon ein richtiger Rechencomputer?

Ein einfaches Kakuro

Ein Kakuro ist ähnlich einem Kreuzworträtsel und einem Sudoku.
Die Regeln sind sehr einfach, das Lösen erfordert allerdings ein bisschen Denken!
Probiere es auszufüllen!

Es gelten folgende Regeln:

- Jedes leere Feld soll mit einer Ziffer von 1−9 gefüllt werden.
- Die dunklen Felder geben an, welche Summe die Felder waagrecht oder senkrecht ergeben sollen. Der Pfeil gibt die Richtung (waagrecht oder senkrecht) an.
- Jede Ziffer darf nur einmal in einer Summe vorkommen.

	6 ↓	12 ↓		23 ↓	16 ↓
4 →			15 → / 18 ↓		
35 →		9		8	
		13 →	4		
		5 → / 11 ↓			
	3 → / 15 ↓	1		14 ↓	5 ↓
23 →					
16 →	9		6 →	5	

PAULS ERSTES AUTO

Räder

Paul möchte möglichst große Räder für sein Auto aus Holz bauen. Hilf ihm, die vier gleich großen Räder aus dem Brett auszusägen, damit möglichst wenig Holz übrig bleibt.
Zeichne ein und miss nach!

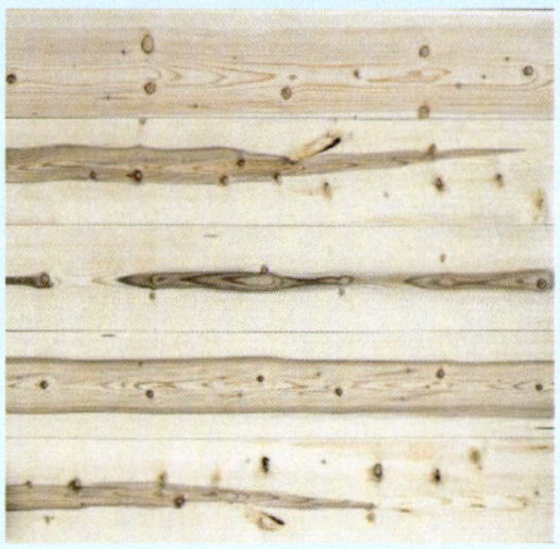

Die Seitenlänge der Platte beträgt ____________________.

Der Umfang der Platte beträgt ____________________.

Der Radius eines Kreises beträgt ____________________.

Der Durchmesser eines Kreises beträgt ____________________.

Der Abstand von jeweils 2 Kreismittelpunkten beträgt ______________.

Materialliste

Paul hat einen Plan von seinem Auto gezeichnet. Hilf ihm bei seinen Schätzungen!

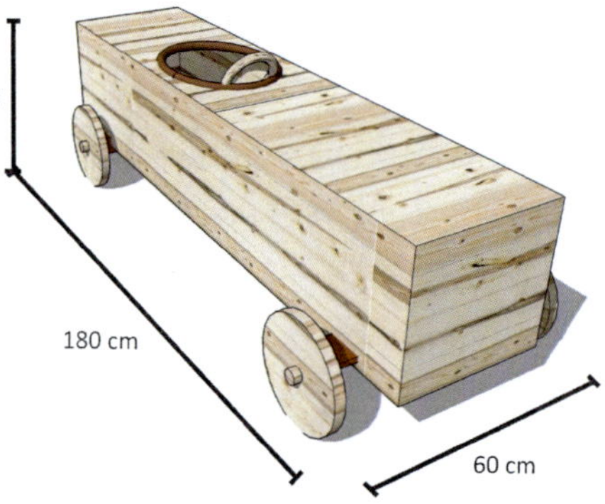

Für den Bau des Autos werden insgesamt etwa ______ m^2 Holzplatten benötigt. Das Lenkrad hat einen Durchmesser von __________ cm. Die quadratische Platte an der Schnauze hat eine Seitenlänge von __________ cm. Wenn ein Quadratmeter der Holzplatte 21,– € kostet, bezahlt man für das gesamte Holz __________ €.

Gib an, wie oft die angegebene Plattenform im Auto vorkommt:

Dreieck ______ **Quadrat** ______ **Rechteck** ______ **Kreis** ______

Wie hält das zusammen?

Paul benötigt eine Menge Schrauben. Alle sind hier abgebildet.

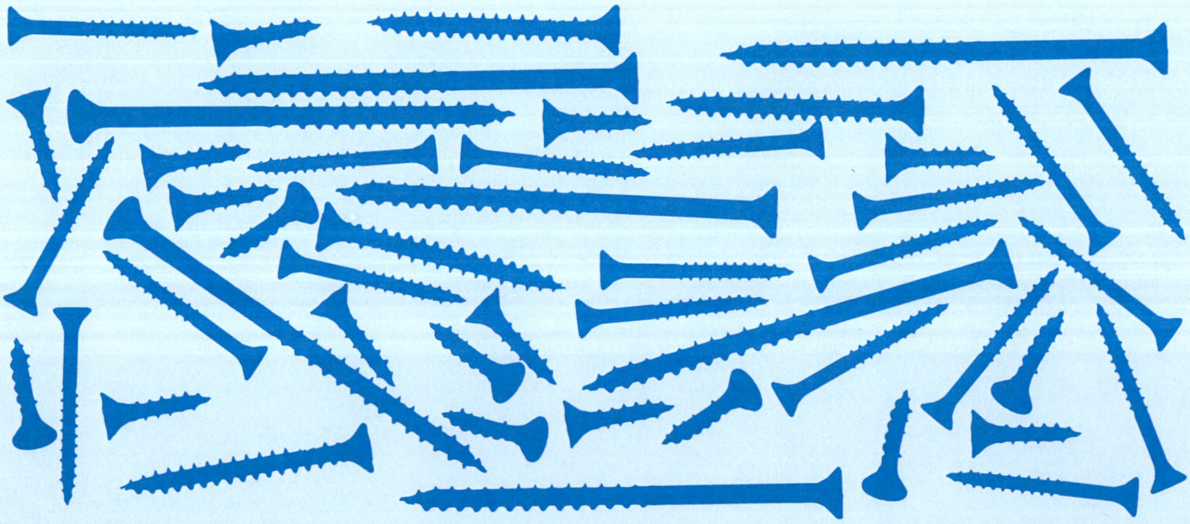

Schraubengrößen werden mit Durchmesser x Schraubenlänge in mm angegeben. Ermittle die Anzahl der jeweiligen Schrauben durch Abmessen der Länge im Bild und trage in der Tabelle ein!

Schaftdurchmesser	Schaftlänge	Bezeichnung	Stück
3 mm	15 mm	3 x 15	
3 mm	25 mm	3 x 25	
3,5 mm	35 mm	3,5 x 35	
3,5 mm	60 mm	3,5 x 60	7

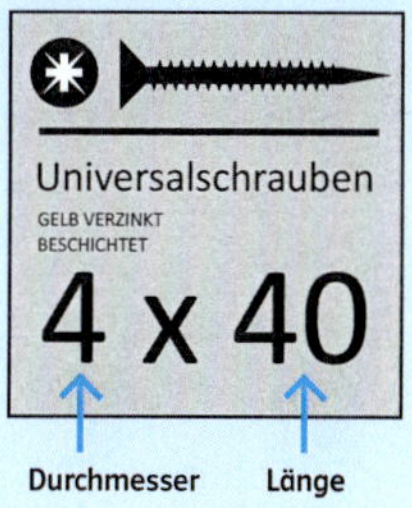

Ergänze das Balkendiagramm, indem die Menge der unterschiedlichen Schrauben dargestellt wird!

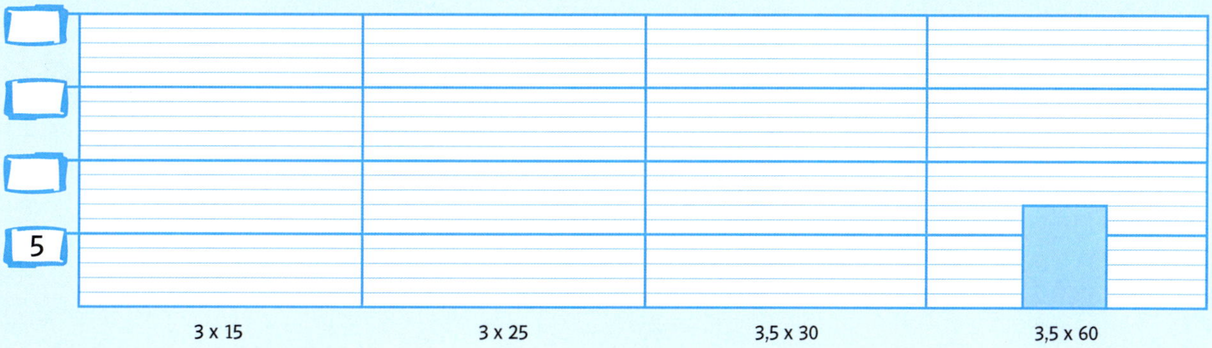

Autorennen

Hier siehst du drei Rennstrecken. Versuche sie mit einem Buntstift möglichst schnell abzufahren. Jede Berührung des Randes gibt drei Strafsekunden. Stoppe die benötigten Sekunden und addiere die Strafsekunden dazu. Vergleiche dein Ergebnis mit der Vergleichszeit!

Level 1

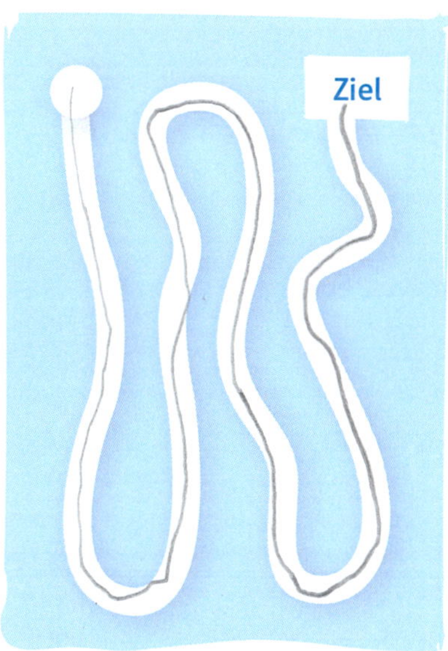

Level 2

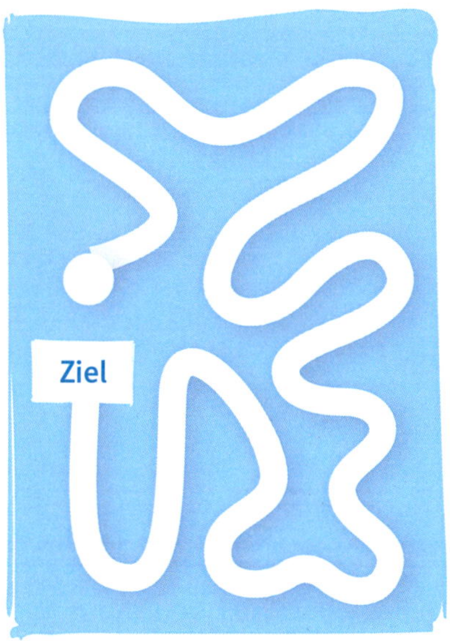

Level 3

	Level 1	Level 2	Level 3
Fahrtzeit	s	s	s
Unfälle	______ · 3 s = ______ s	______ · 3 s = ______ s	______ · 3 s = ______ s
Summe			
Vergleichszeit	Schaffst du es unter 9 s?	Schaffst du es unter 12 s?	Schaffst du es unter 40 s?

EINE KATZE IST ENTLAUFEN

Deine Katze ist entlaufen! Folge den Hinweisen:

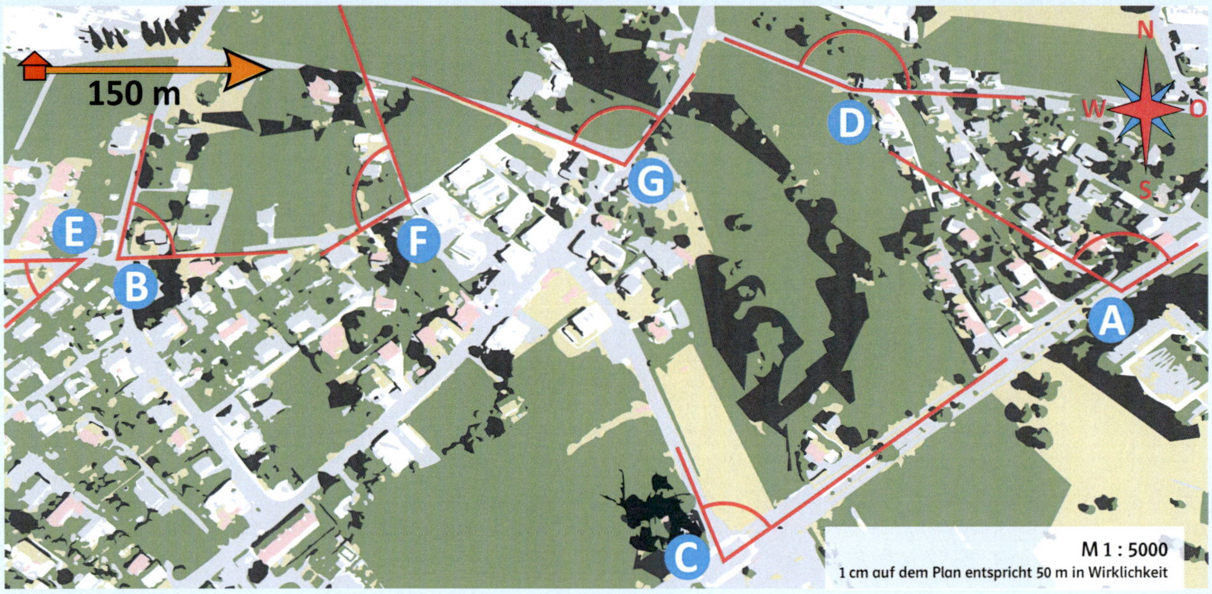

Die Katze ist vom Haus aus 150 m in Richtung **Westen** gegangen. Das entspricht ______ cm auf dem Plan. Anschließend ist sie im rechten Winkel (______°) nach rechts abgebogen und 300 m Richtung **Süden** gegangen. Auf dem Plan sind das ______ cm. Nun ist sie auf einer großen Kreuzung angekommen und hat ihre Richtung nach **Nord-Ost** geändert. Danach ist sie 200 m in diese Richtung der Straße gefolgt und hat im Garten eines Hauses eine kurze Pause gemacht. Anschließend ist sie erneut etwa 75 m in die gleiche Richtung weitergeschlichen und dann bei der Kreuzung rechts abgebogen. 200 m weiter ist deine Katze zwischen einigen Bäumen verschwunden.

Wo wurde deine Katze zuletzt gesehen? Bei Punkt ______.

Welche Strecke hat deine Katze zurückgelegt? ______ m = ______ km.

Wie lange brauchst du etwa, wenn du diese Strecke zu Fuß gehen willst? ______ Minuten

Verwinkelte Straßen

Bei der Suche nach deiner Katze sind dir viele Abbiegungen mit unterschiedlichen Winkeln aufgefallen. Kannst du die Größe der Winkel bei den einzelnen Punkten angeben? Beschrifte dann auch die Winkel! Markiere in der Tabelle die spitzen Winkel rot und die stumpfen Winkel grün!

A	B	C	D	E	F	G
α =	β =	γ =	δ =	ε =	ζ =	η =

SUPERHELDEN, SCHURKEN UND SPIONE

Kannst du den Code knacken?

In diesem Bild findest du viele verschiedene Winkelgrößen. Streiche stumpfe Winkel und erhabene Winkel, sodass nur spitze Winkel übrig bleiben! Addiere die verbliebenen Zahlen! Das Endergebnis kommt ebenfalls im Bild vor!

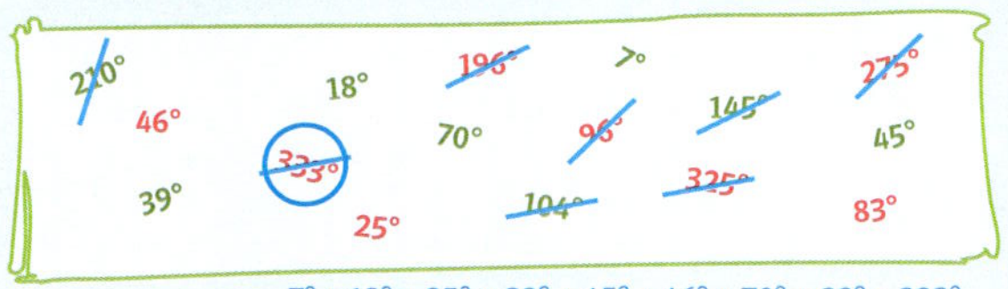

7° + 18° + 25° + 39° + 45° + 46° + 70° + 83° = 333°

Über welche Eigenschaften sollte ein Superheld deiner Meinung nach verfügen?

Notiere die vier Wichtigsten!

- z. B. kann fliegen
- z. B. stark
- z. B. schlau
- z. B. lebt im Verborgenen

Wo ist die Beute versteckt?

In einem spektakulären Raubüberfall erbeuteten zwei Verbrecher eine große Menge an Diamanten. Aus Angst von der Polizei gefasst zu werden, vergruben sie die Diamanten in einem Waldversteck. Einer der beiden Räuber wurde nun gefasst. Damit er nicht so lange ins Gefängnis muss, ist er bereit, die Karte, die zum Diamantenversteck führt, auszuhändigen. Wo ist die Beute versteckt? Punkt N

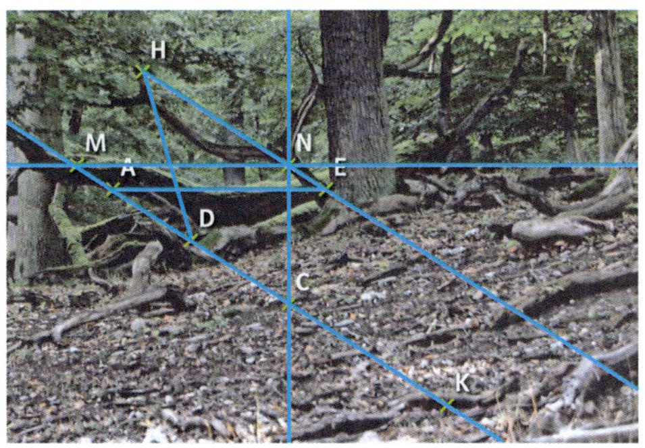

Hinweise:

1. Konstruiere eine Gerade durch die Punkte D und K!
2. Zeichne einen Strahl, von H ausgehend, durch den Punkt E!
3. Konstruiere eine Strecke durch die Punkte A und E!
4. Zeichne eine Normale auf die Strecke aus Hinweis 3 durch den Punkt C!
5. Konstruiere eine Parallele zur Strecke aus Hinweis 3 durch den Punkt M!
6. Zeichne eine Strecke durch die Punkte H und D!

Die Diamanten sind in dem Punkt versteckt, der dreimal getroffen wird!

Noch mehr Beute verschollen!

Die Verbrecher haben anscheinend nicht nur Diamanten, sondern auch in mehreren Banken Geld erbeutet. Gib in Ziffernschreibweise an!

Bank 1	1 M 3 HT 1 T 4 H	€	1 301 400	€
Bank 2	6 HT 4 ZT 6 H	€	640 600	€
Bank 3	2 M 1 HT 6 T 8 Z	€	2 106 080	€
Bank 4	4 HT 6 ZT 2 T	€	462 000	€

Wie viel haben die Bankräuber insgesamt erbeutet? 4 510 080 €

Runde die Summe auf Zehntausender! 4 510 000 €

Batmans Garage

Batman bekämpft seine Gegner vor allem mit seiner hervorragenden Intelligenz. Trotzdem braucht er jetzt deine Hilfe. Batman lässt für sein neues Haus in Gotham City eine Garage für sein Batmobil bauen, in der auch noch Platz für andere geheime Sachen sein soll. Da niemand das Batmobil sehen soll, muss er den Boden in der Garage selbst verlegen.

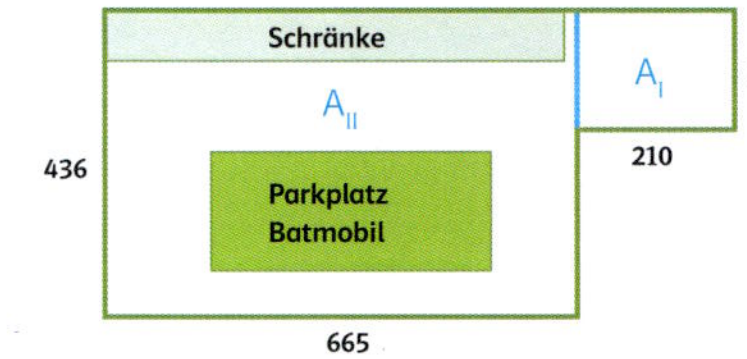

Wie viele Quadratmeter Fliesen muss er mindestens besorgen um die gesamte Garage zu verfliesen?
Ignoriere den Verschnitt! Die Angaben im Plan sind in cm.

$A = A_I + A_{II}$ $\quad A_I = 436 \cdot 665 = 289\,940\ cm^2$

$A_{II} = 210 \cdot 190 = 39\,900\ cm^2$

$A = A_I + A_{II} = 289\,940 + 39\,900 = 329\,840\ cm^2 \triangleq 32{,}98\ m^2$

Er muss mindestens 33 m² Fliesen besorgen.

Alte Superhelden

Viele der Superhelden gibt es schon ganz schön lange.

Superman	1938	Spiderman	1962
Batman	1939	The Flash	1940
Wonder Woman	1941	Iron Man	1963

Ordne die Jahreszahlen der Größe nach!

1938 < 1939 < 1940 < 1941 < 1962 < 1963

Superman-Sudoku

Viele halten das Lösen eines Sudokus ebenfalls für eine Superkraft. Kannst du dieses Sudoku lösen?

In jeder Zeile, jeder Spalte und jedem 9-er Block dürfen die Ziffern 1 bis 9 nur genau einmal vorkommen. Außerdem sind in jedem grünen Feld nur ungerade Zahlen und in jedem weißen Feld nur gerade Zahlen.

3	7	5	2	4	9	1	6	8
6	4	2	8	1	7	9	5	3
1	8	9	6	3	5	4	2	7
4	1	6	7	8	3	2	9	5
5	2	7	4	9	6	8	3	1
8	9	3	1	5	2	6	7	4
7	3	1	9	2	4	5	8	6
2	5	8	3	6	1	7	4	9
9	6	4	5	7	8	3	1	2

TIERE IM WALD

Spurensuche im Wald

Führe die folgenden Rechnungen durch: Die erste Ziffer des Ergebnisses gibt dir die Zeile, die letzte Ziffer die Spalte in der Tabelle an. So bekommst du, von hinten nach vorne gelesen, die fünf Buchstaben des Lösungswortes.

6 379 − 1 492 = 4 887

2 964 : 26 = 114

1 357 + 2 486 = 3 843

85 · 16 = 1 360

2 204 : 29 = 76

Lösungswort: F U C H S

	0	1	2	3	4	5	6	7	8	9
0	K	N	O	S	E	L	Y	W	C	V
1	U	W	Y	Q	H	V	K	T	I	M
2	J	D	M	Y	I	Q	B	R	Q	D
3	H	R	F	C	S	J	E	A	U	K
4	B	F	W	G	P	U	O	S	W	B
5	Q	P	Z	J	E	K	L	K	G	N
6	T	R	A	N	C	C	T	I	D	O
7	X	C	X	S	Z	B	F	E	J	H
8	T	A	Z	T	H	X	U	U	L	M
9	M	G	K	F	V	A	P	H	X	T

Wusstest du, dass . . .

. . . es in Österreich etwa 36 000 km² Wald gibt?
Das ist mehr als 40 % der Fläche von Österreich!

Symmetrische Tiere

Vervollständige uns zu symmetrischen Figuren! Du kannst uns dann auch anmalen.

Viel Holz im Wald

Vervollständige die Rechenbaumstämme durch Addition!

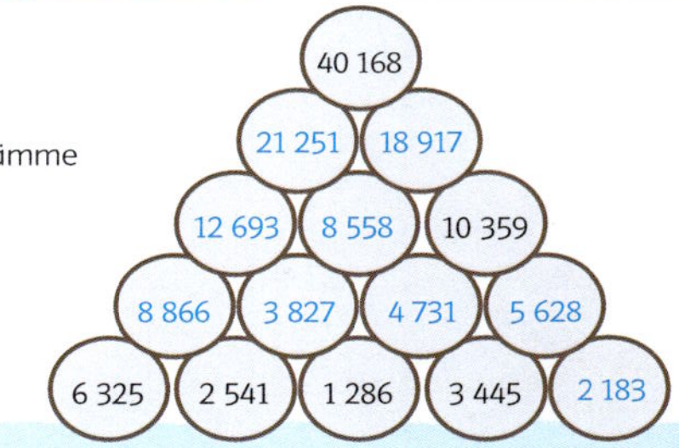

Das Winterquartier

Martin möchte für die Vögel im Wald einen Nistkasten bauen. Da es sein erster Versuch ist, hat er sich vorgenommen einen Quader zu bauen. Der Nistkasten soll 30 cm hoch, und jeweils 20 cm lang und breit sein.

Kannst du berechnen, wie viel Quadratmeter Holz Martin im Baumarkt kaufen muss?

O = 2 · (a · b + b · c + a · c)

O = 2 · (30 · 20 + 30 · 20 + 20 · 20)

O = 2 · (600 + 600 + 400) = 2 · 1 600 = 3 200 cm² = 0,32 m²

Martin muss 0,32 m² Holz im Baumarkt kaufen.

Ein gut verstecktes Waldtier

Ein weiteres Waldtier ist gesucht! Löse die Rechnungen um es zu finden!

Achtung! Nur ein Weg bringt dich zum Lösungswort! HIRSCH

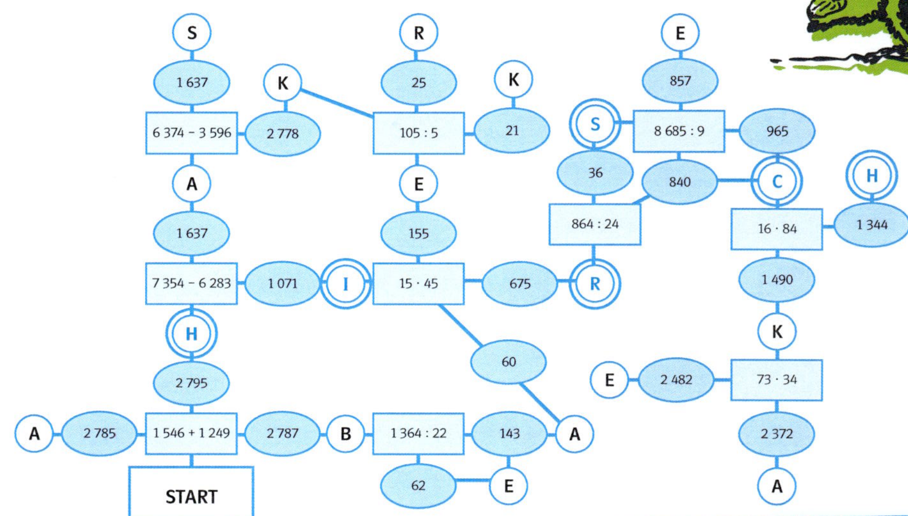

MIT DEM FAHRRAD UNTERWEGS

Ein Fahrradausflug

Teresa hat sich verfahren und findet nicht mehr nach Hause. Kannst du ihr helfen?
Nimm eine Uhr und stoppe, wie viele Sekunden du brauchst, um den Weg zu finden!

Trotz deiner Hilfe hat Teresa insgesamt 1 830 Sekunden gebraucht, um nach Hause zu finden.

1 830 Sekunden entspricht 30 min 30 sec

Wie viele Stunden sind das etwa? $\frac{1}{2}$ h.

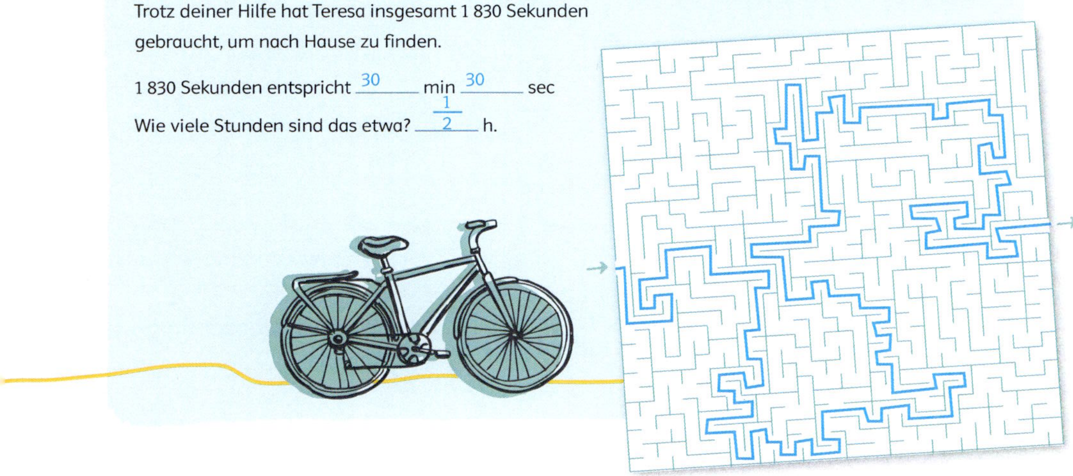

Mit dem Fahrrad in die Schule

Lena fährt die Strecke von Zuhause in die Schule mit ihrem Fahrrad. Diese Strecke ist 5,2 km lang. Wenn sich das Vorderrad einmal ganz herum dreht, legt sie 260 cm zurück. Sie benötigt für die ganze Strecke 18 Minuten. Ein Schuljahr hat etwa 180 Schultage.

Die Schule ist 5 200 m von Lenas Zuhause entfernt.

Die Strecke von 260 cm entspricht genau 2,6 m.

Wenn Lena von Zuhause in die Schule fährt, dreht sich ihr Vorderrad 2 000 mal. Wenn Lena jeden Tag in die Schule und wieder zurück fährt, verbringt sie täglich 36 Minuten auf dem Fahrrad.

Lena fährt immer mit dem Fahrrad und legt daher in einem ganzen Schuljahr 1 872 km zurück. Sie sitzt somit insgesamt 6 480 Minuten auf dem Fahrrad. Das entspricht umgerechnet 108 Stunden und 0 Minuten **oder** 4 Tage 12 Stunden 0 Minuten.

Zeitdauer & Umdrehungen

Verwandle in Tage (d), Stunden (h), Minuten (min) und Sekunden (s).

120 min = 2 h	0,5 h = 30 min	120 h = 5 d
240 s = 4 min	48 h = 2 d	12 h = 0,5 d
12 h = 720 min	12,5 min = 750 s	3 d = 72 h

Wie oft dreht sich ein Rad vollständig, wenn es mit einer Umdrehung 260 cm zurücklegt?

Bei einer Strecke von 100 m dreht sich das Rad 38 mal

Bei einer Strecke von 2,5 km dreht sich das Rad 950 mal

Bei einer Strecke von 40 000 cm dreht sich das Rad 153 mal

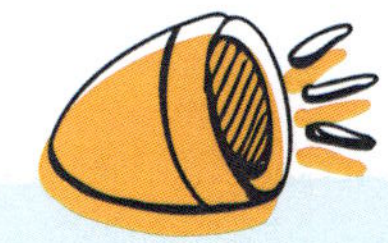

Mein Traum-Fahrrad

Neben einem guten Rahmen, zwei Bremsen und einer 21-Gang Schaltung kannst du dir mit deinen Ersparnissen im Fahrradgeschäft **weiteres Zubehör für 221,– €** aussuchen. Überlege gut, auf welche Teile man nicht verzichten sollte! Viele der Teile sind **gesetzlich** vorgeschrieben! Übertrage die Preise deiner Wunschteile in die Spalte mit der Überschrift **Auswahl** und addiere!

z. B.

Zubehörteil	Preis (€)	Auswahl
A) Fahrradhelm	77,–	77
B) Handy Halterung	16,–	
C) Speichenrückstrahler	6,–	6,–
D) Trinkflasche	12,–	12
E) Wimpel mit Stange	34,–	34
F) Lichtanlage mit Dynamo	14,–	14
G) Fahrradklingel	6,–	6
H) Pedalrückstrahler	6,–	6
I) Federung vorne	73,–	
J) Roter Rückstrahler	4,–	4
K) Fahrradradio	66,–	
L) Lichtanlage mit Batterie	18,–	
M) Hupe	22,–	
N) Fahrradkorb	68,–	
O) Gepäckträger	56,–	56
Summe		215

Wieviel kostet das ausgesuchte Zubehör? 215 €

Wieviel Geld bleibt dir nach dem Kauf übrig? 6 €

Wieviel kosten die restlichen Zubehörteile zusammen? 263 €

Male den Fahrradrahmen nach deinen Wünschen an und zeichne die gekauften Zubehörteile dazu.

UNTERWEGS DURCH ÖSTERREICH

Höchster und tiefster Punkt

Der höchste Punkt Österreichs ist der Großglockner mit 3 798 m über dem Meeresspiegel, der tiefste Punkt ist der Hedwighof in der Gemeinde Apetlon im Burgenland mit 114 m über dem Meeresspiegel.

Wie groß ist der Höhenunterschied? 3 684 m

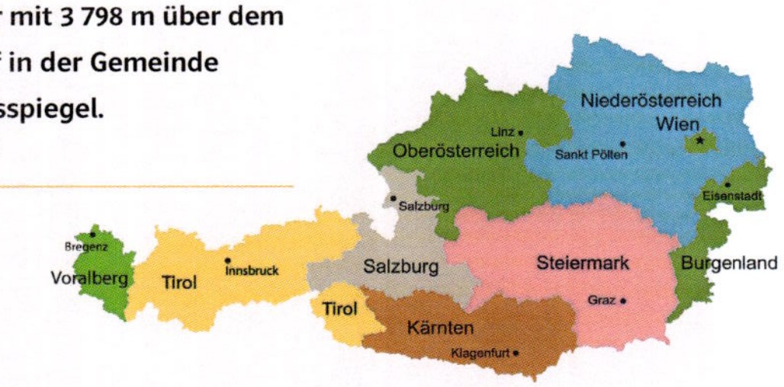

Österreichs Einwohner

In der Tabelle findest du die Einwohnerzahlen von sechs österreichischen Landeshauptstädten.

Sie sollen auf die in der Klammer angegebene Einheit gerundet werden. Die Buchstaben der richtigen Lösungen ergeben eine deutsche Grenzstadt. **Lösungswort:** P A S S A U

Wien (T)	1 840 573	**P** 1 841 000	**L** 1 840 600	**K** 2 000 000	**F** 1 800 000
Bregenz (ZT)	29 139	**I** 29 000	**O** 29 140	**A** 30 000	**E** 29 100
Innsbruck (H)	130 894	**G** 100 000	**S** 130 900	**N** 131 000	**L** 130 890
Graz (HT)	280 200	**S** 300 000	**D** 280 000	**P** 281 000	**K** 200 000
Eisenstadt (T)	14 214	**E** 10 000	**T** 14 240	**F** 14 200	**A** 14 000
Linz (H)	200 841	**E** 201 000	**U** 200 800	**N** 200 000	**R** 200 840

Sommerferien in Österreich

Konstantin macht mit seiner Familie eine Reise nach Vorarlberg. Sie fahren mit dem Nachtzug von Wien Hauptbahnhof nach Feldkirch. Der Zug fährt um 22:55 ab und kommt um 07:49 an. Bei der Rückfahrt fahren sie am Tag und starten um 08:15 in Feldkirch und kommen um 14:30 in Wien an.

Wie groß ist die Zeitdauer der beiden Zugfahrten? 8 h 54 min; 6 h 15 min

Station	Datum	Zeit	Prognose	Steig	Verkehrsmittel
Wien Hbf	08.05.2016	ab 22:55		7	EN EN 246
Feldkirch Bahnhof	09.05.2016	an 07:49		4C-D	

Richtung: Bregenz Bahnhof
Bemerkungen: Fahrradmitnahme: Reservierungspflicht; Fahrradmitnahme: Begrenzt möglich; Zug führt Autotransportwagen; in Sitzw. nur 2.Kl.; ÖBB Nachtreisezug (www.oebb.at); Komfortticket (IRT Integrated Reservation Ticket); Schlafwagen; Liegewagen; Imbiss und Getränke beim Schlaf-/Liegewagenbetreuer erhältlich; Rollstuhlstellplatz; Rollstuhlstellplatz - Voranmeldung unter +43 (0) 5 1717; rollstuhltaugliches WC

Station	Datum	Zeit	Prognose	Steig	Verkehrsmittel
Feldkirch Bahnhof	09.05.2016	ab 08:15		2	railjet RJ 161
Wien Hbf		an 14:30		9A-C	

Richtung: Wien Hbf
Bemerkungen: Fahrradmitnahme: Reservierungspflicht; Fahrradmitnahme: Begrenzt möglich; Reservierung möglich; mobiles Bordservice (Snacks und Getränke); Bordrestaurant; Rollstuhlstellplatz; Rollstuhlstellplatz - Voranmeldung unter +43 (0) 5 1717; Fahrzeuggebundene Einstiegshilfe; rollstuhltaugliches WC; Handy-/Ruhezonen; Kinderkino; WLAN-Service innerhalb Österreichs

Seen in Österreich

Gib alle Angaben in Ziffernschreibweise an!

Der größte See ist der Neusiedlersee. Er liegt mit (2 H 4 Z 3 E) 243 km² in Österreich (zum Teil liegt der Neusiedlersee in Ungarn).

Platz 2 belegt der Attersee mit 4 HM 6 ZM 2 M 462 000 000 m².

Obwohl der Bodensee mit 5 ZT 3T 6H 53 600 ha der größte See ist, gehört nur ein kleiner Teil zu Österreich.

Land der Berge

Österreich hat viele hohe Berge. Das sind die Top 5:

Großglockner	3 798 m
Wildspitze	3 768 m
Weißkugel	3 739 m
Glocknerwand	3 721 m
Großvenediger	3 662 m

Wusstest du, dass …
… der östlichste Ort in Österreich Deutsch-Jahrndorf im Burgenland und der westlichste Ort Bangs bei Nofels in Vorarlberg ist?

Bilde den Mittelwert dieser 5 Höhen! An welchen Berg kommt man mit diesem Ergebnis am nächsten? Runde auf m! 3 738 m; Weißkugel

Wenn man noch Platz 6, den Hinteren Brochkogel mit 3 624 m hinzurechnet, verändert sich der Mittelwert. Berechne den neuen Mittelwert! Runde auf m! 3 719 m

Sehenswürdigkeiten in Österreich

In Österreich gibt es viel zu sehen! Jede Landeshauptstadt hat bestimmte Sehenswürdigkeiten, die man auf keinen Fall verpassen darf.

Mario, Christoph, Timo und Benjamin besuchen in den Ferien die verschiedenen Landeshauptstädte und lassen sich auch die Wahrzeichen nicht entgehen. Wer besucht welche Sehenswürdigkeit? Weißt du auch in welcher Stadt die jeweilige Sehenswürdigkeit zu finden ist? Welche dieser Sehenswürdigkeit hast du selbst schon einmal gesehen?

Mario
Christoph
Timo
Benjamin

Lindwurm Klagenfurt
Goldenes Dachl Innsbruck
Uhrturm Graz
Riesenrad Wien

AUF DEM SPORTPLATZ

Wettbewerb

Martina und ihre Freundinnen veranstalten einen Leichtathletik Wettbewerb. Die Ergebnisse wurden in die Tabelle eingetragen. Gib die Platzierung der Kinder pro Disziplin an!

Wenn zwei Sportlerinnen das gleiche Ergebnis haben, bekommen sie die gleiche Platzierung, dafür fällt der folgende Platz aus!

	Martina	Teresa	Lena	Maria	Kathi	Heike	Susanne
60-m-Lauf	10,31 s	9,11 s	9,34 s	10,09 s	11,01 s	8,97 s	9,02 s
Platzierung	6.	3.	4.	5.	7.	1.	2.
Hochsprung	0,93 m	1,12 m	1,09 m	1,21 m	0,89 m	1,12 m	0,71 m
Platzierung	5.	2.	4.	1.	6.	2.	7.
Weitsprung	4,21 m	4,30 m	4,19 m	3,89 m	4,00 m	3,51 m	4,09 m
Platzierung	2.	1.	3.	6.	5.	7.	4.
Ballwurf	34,54 m	35,79 m	22,54 m	22,45 m	29,29 m	33,55 m	34,54 m
Platzierung	2.	1.	6.	7.	5.	4.	2.

Ein neuer Sportplatz

Der Plan für den neuen Sportplatz wurde vorgestellt:

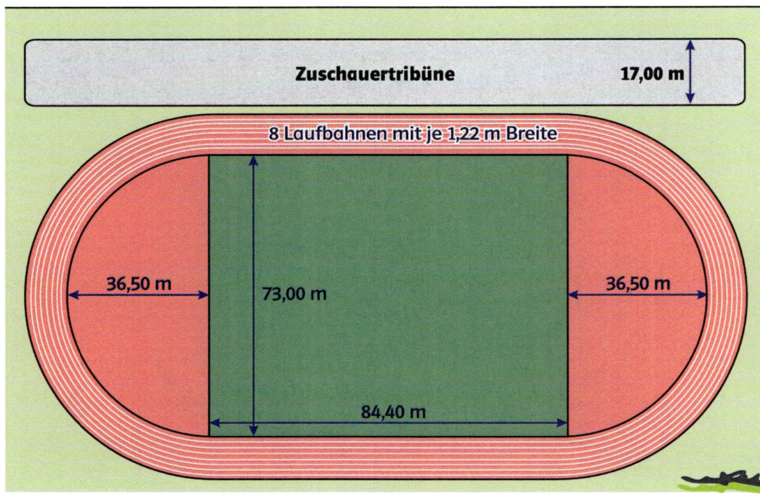

Der rote Sportbereich inklusive Sportbahn ist 176,92 m lang und 92,52 m breit.

Die Zuschauertribüne ist ebenso lang wie der Sportplatz. Ihre Grundfläche umfasst 3 007, 64 m².

Die Fläche der Wiese innerhalb des Sportbereichs beträgt 6 161,2 m².

Das entspricht 61,61 a oder 0,61 ha.

Auf der Laufbahn

Eine Laufbahn hat eine Länge von insgesamt 400 m. Bei Laufwettbewerben gibt es unterschiedliche Streckenlängen. Gib an, wie viele Runden das auf der Laufbahn sind:

Meter	2 000 m	1 000 m	800 m	600 m	400 m	100 m	60 m	50 m
Runden	5	2,5	2	1,5	1	0,25	0,15	0,125

Gib die Dezimalzahlen in Bruchschreibweise an und kürze so weit wie möglich!

$0{,}16 = \frac{16}{100} = \frac{4}{25}$ $\quad 0{,}125 = \frac{125}{1\,000} = \frac{1}{8}$ $\quad 1{,}5 = \frac{15}{10} = \frac{3}{2}$

$0{,}5 = \frac{5}{10} = \frac{1}{2}$ $\quad 0{,}3 = \frac{3}{10} =$ kein Kürzen möglich $\quad 10{,}5 = \frac{105}{10} = \frac{21}{2}$

$0{,}02 = \frac{2}{100} = \frac{1}{50}$ $\quad 0{,}03 = \frac{3}{100} =$ kein Kürzen möglich $\quad 0{,}12 = \frac{12}{100} = \frac{3}{25}$

$0{,}25 = \frac{25}{100} = \frac{1}{4}$ $\quad 0{,}04 = \frac{4}{100} = \frac{1}{25}$ $\quad 0{,}1 = \frac{10}{100} = \frac{1}{10}$

Welches sind deine liebsten Sportarten?

Eine Runde Münzfußball

Lege an jedes Ende eines Tisches ein Tor, wie im unteren Bild gezeigt. Die Spieler dürfen ihren Spielermünzen abwechselnd mit der Wäscheklammer anstoßen (schieben ist verboten). Vor jedem Spielzug darf jeder Spieler seinen Torhüter neu setzen (maximal 10 cm vom Tor entfernt). Ein Tor gilt, wenn sich der Ball mindestens zur Hälfte im Tor befindet, oder durch die hinteren beiden Streichhölzer durchfällt.

Wenn eine seitliche Torstange verschoben wird, ist der Schuss ungültig und der Gegner darf den Ball in seiner Tischhälfte neu setzen. Das Tor wird bei Beschädigung jeweils neu aufgebaut. Gewonnen hat, wer als erster 5 Tore geschossen hat.

Material:

- 1 Wäscheklammer
- 1 x 1 Cent (Ball)
- 2 x 10 Cent (Spieler)
- 2 x 50 Cent (Torhüter)
- 8 Streichhölzer (zwei Tore)
- beliebiger Tisch

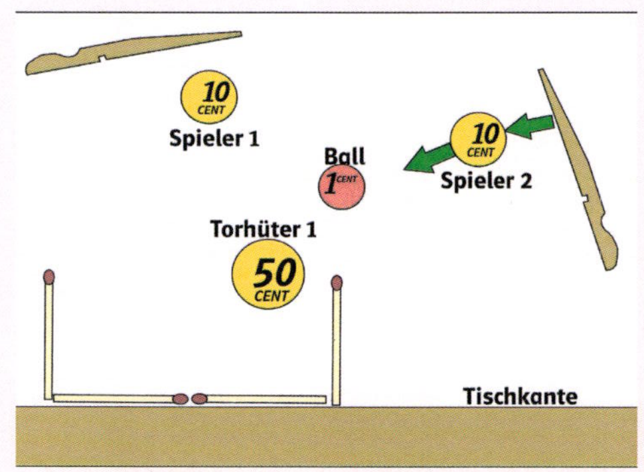

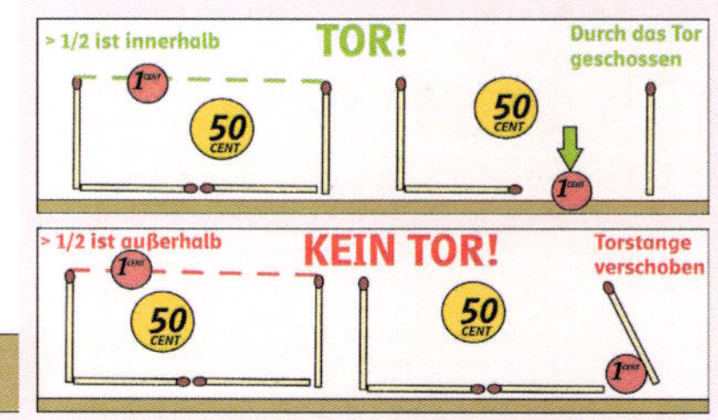

COMPUTER UND TECHNIK

Geometrie des Computers

Welche geometrische Form hat ein Computer üblicherweise? Quader

Beschrifte dieses Modell eines Computers vollständig!

Die Eckpunkte mit A, B, C, D, E, …, H und die Kanten mit AB, BC, … .

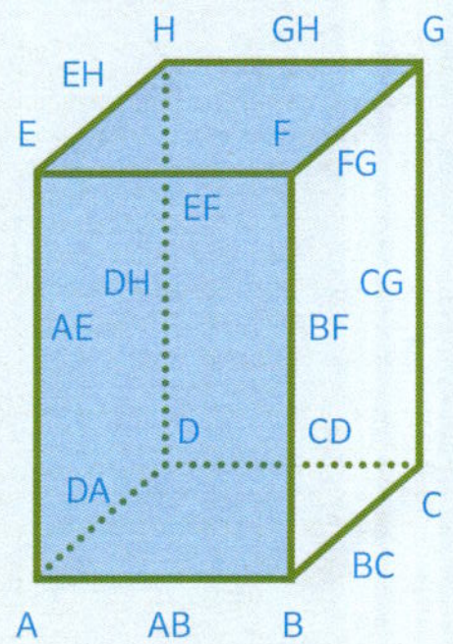

Beantworte die folgenden Fragen:

Welche Kanten schneiden einander im Punkt E des Quaders?
AE, EF, EH

Welche Kanten liegen parallel zur Kante DH?
AE, BF, CG

Welche vier Kanten sind windschief zur Kante FG?
AE, AB, CD, DH

Welche beiden Flächen eines Quaders schneiden einander in der Kante EF?
Markiere sie im Quadermodell! ABFE, EFGH

Taschenrechner – Code

Auch ein moderner Taschenrechner ist eigentlich ein kleiner Computer. Wusstest du, dass du mit dem Taschenrechner auch geheime Botschaften schreiben kannst? Wenn du keinen Taschenrechner zur Hand hast, kannst du auch ein Telefon mit Nummernanzeige verwenden. Tippe die Zahl 3 8317 und drehe den Taschenrechner um. Manchmal braucht es etwas Phantasie, aber das Wort „LIEBE“ ist zu erkennen! Löse die folgenden Aufgaben (aber ohne Taschenrechner!) und betrachte anschließend die Lösungen am Taschenrechner! Daraus ergeben sich die Lösungswörter!

1. Vielleicht dein Lieblingsfach in der Schule? 3 847 · 8 294 = 31 907 018
Lösungswort: BIOLOGIE

2. Buch, das als erstes gedruckt wurde: 48 393,74 + 25 424,26 = 73 818
Lösungswort: BIBEL

3. Lieblingsspeise im Sommer? 14 877 : 29 = 513
Lösungswort: EIS

4. Sommerlicher Farbton: 12 995 – 4 256 = 8 739
Lösungswort: GELB

5. Ein vielgetragenes Kleidungsstück: 1 22 640 : 35 = 3 504
Lösungswort: HOSE

Die Rechenmaschine

Im Normalfall funktioniert jeder Computer so, dass er seine Rechenvorgänge regelmäßig überprüft. Auch du sollst nun einige Rechenaufgaben lösen, die du im Anschluss durch einen Kontrollmechanismus, ganz wie ein Computer, überprüfen kannst.

13,52 + (14,3 – 1,22 · 2,5) – 11,42 = ♦	= 13,35
(453,16 – 12,72 : 5,3) · (0,45 : 0,2 + 1,6) = 💧	= 1 735,426
22,15 · 0,72 + (3,451 + 1,253) = ★	= 20,652
(12,8 + 69,52 – 38,15) · 16 – 207,038 : 5,2 = ❄	= 666,905

Wusstest du, dass …
… Computer auf dem so genannten Binärcode basieren, der nur aus 0 und 1 besteht?

Kontrolliere, indem du die Symbole einsetzt:

💧 – (♦ + ★ + ❄) = 1 034,519

Bist du schon ein richtiger Rechencomputer?

Ein einfaches Kakuro

Ein Kakuro ist ähnlich einem Kreuzworträtsel und einem Sudoku.
Die Regeln sind sehr einfach, das Lösen erfordert allerdings ein bisschen Denken!
Probiere es auszufüllen!

Es gelten folgende Regeln:

- Jedes leere Feld soll mit einer Ziffer von 1 – 9 gefüllt werden.
- Die dunklen Felder geben an, welche Summe die Felder waagrecht oder senkrecht ergeben sollen. Der Pfeil gibt die Richtung (waagrecht oder senkrecht) an.
- Jede Ziffer darf nur einmal in einer Summe vorkommen.

	6↓	12↓		23↓	16↓
4→	1	3	15→ 18↓	6	9
35→	5	9	6	8	7
		13→	4	9	
		5→ 11↓	5		
	3→ 15↓	1	2	14↓	5↓
23→	6	3	1	9	4
16→	9	7	6→	5	1

PAULS ERSTES AUTO

Räder

Paul möchte möglichst große Räder für sein Auto aus Holz bauen. Hilf ihm, die vier gleich großen Räder aus dem Brett auszusägen, damit möglichst wenig Holz übrig bleibt.
Zeichne ein und miss nach!

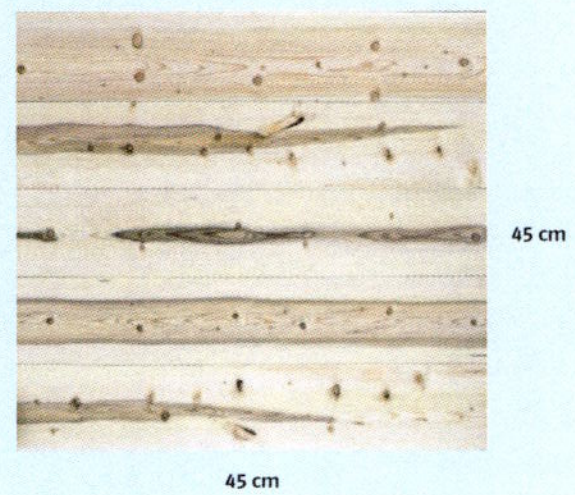

Die Seitenlänge der Platte beträgt 45 cm.

Der Umfang der Platte beträgt 180 cm.

Der Radius eines Kreises beträgt 11,25 cm.

Der Durchmesser eines Kreises beträgt 22,5 cm.

Der Abstand von jeweils 2 Kreismittelpunkten beträgt 22,5 cm.

Materialliste

Paul hat einen Plan von seinem Auto gezeichnet. Hilf ihm bei seinen Schätzungen!

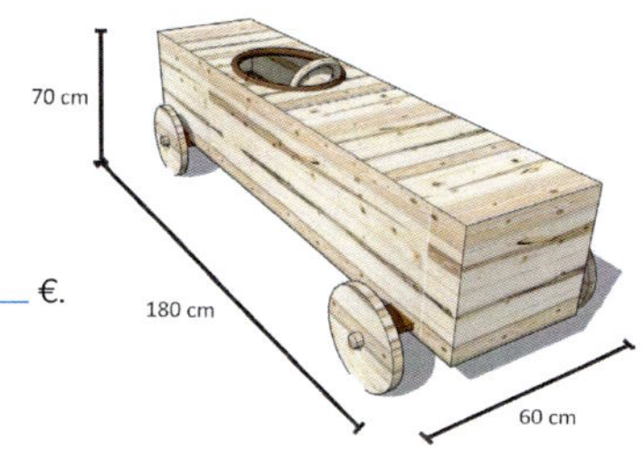

Für den Bau des Autos werden insgesamt etwa 6 m² Holzplatten benötigt. Das Lenkrad hat einen Durchmesser von ca. 20 cm. Die quadratische Platte an der Schnauze hat eine Seitenlänge von 40 cm. Wenn ein Quadratmeter der Holzplatte 21,– € kostet, bezahlt man für das gesamte Holz 120 €.

Gib an, wie oft die angegebene Plattenform im Auto vorkommt:

Dreieck 0 **Quadrat** 2 **Rechteck** 4 **Kreis** 5

Wie hält das zusammen?

Paul benötigt eine Menge Schrauben. Alle sind hier abgebildet.

Schraubengrößen werden mit Durchmesser x Schraubenlänge in mm angegeben. Ermittle die Anzahl der jeweiligen Schrauben durch Abmessen der Länge im Bild und trage in der Tabelle ein!

Schaftdurchmesser	Schaftlänge	Bezeichnung	Stück
3 mm	15 mm	3 x 15	18
3 mm	25 mm	3 x 25	19
3,5 mm	35 mm	3,5 x 35	4
3,5 mm	60 mm	3,5 x 60	7

Ergänze das Balkendiagramm, indem die Menge der unterschiedlichen Schrauben dargestellt wird!

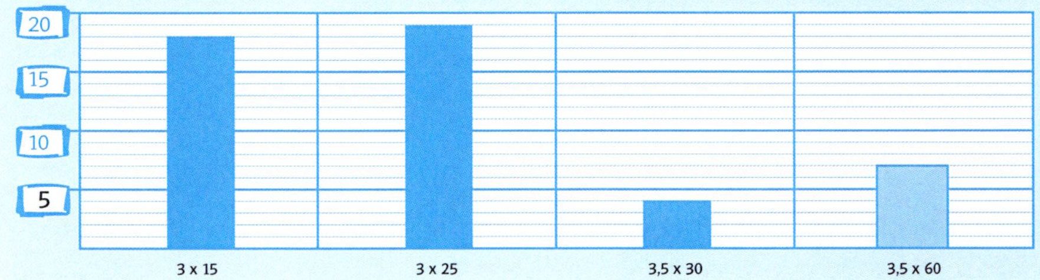

Autorennen

Hier siehst du drei Rennstrecken. Versuche sie mit einem Buntstift möglichst schnell abzufahren. Jede Berührung des Randes gibt drei Strafsekunden. Stoppe die benötigten Sekunden und addiere die Strafsekunden dazu. Vergleiche dein Ergebnis mit der Vergleichszeit!

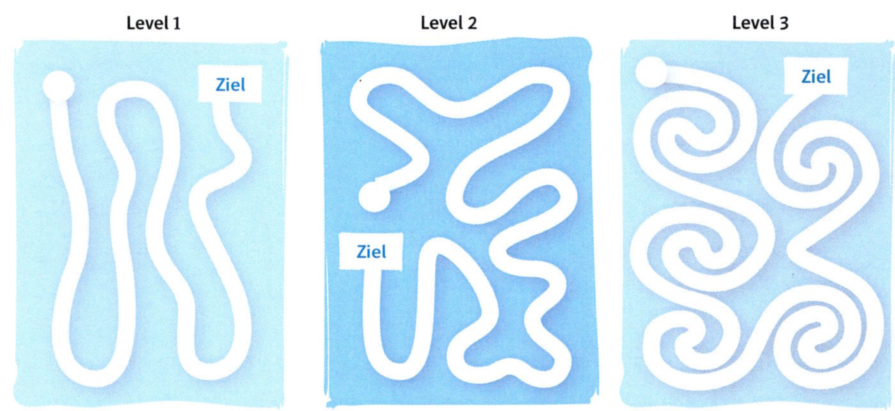

	Level 1	Level 2	Level 3
Fahrtzeit	s	s	s
Unfälle	____ · 3 s = ____ s	____ · 3 s = ____ s	____ · 3 s = ____ s
Summe			
Vergleichszeit	Schaffst du es unter 9 s?	Schaffst du es unter 12 s?	Schaffst du es unter 40 s?

EINE KATZE IST ENTLAUFEN

Deine Katze ist entlaufen! Folge den Hinweisen:

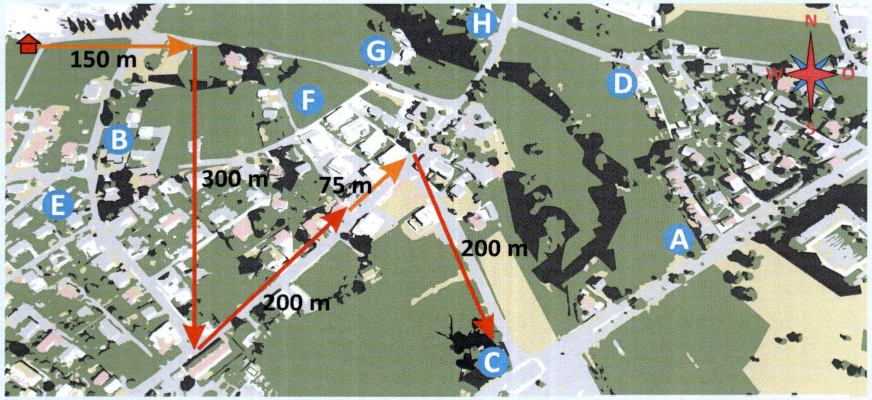

Die Katze ist vom Haus aus 150 m in Richtung **Westen** gegangen. Das entspricht 3 cm auf dem Plan. Anschließend ist sie im rechten Winkel (90 °) nach rechts abgebogen und 300 m Richtung **Süden** gegangen. Auf dem Plan sind das 6 cm. Nun ist sie auf einer großen Kreuzung angekommen und hat ihre Richtung nach **Nord-Ost** geändert. Danach ist sie 200 m in diese Richtung der Straße gefolgt und hat im Garten eines Hauses eine kurze Pause gemacht. Anschließend ist sie erneut etwa 75 m in die gleiche Richtung weitergeschlichen und dann bei der Kreuzung rechts abgebogen. 200 m weiter ist deine Katze zwischen einigen Bäumen verschwunden.

Wo wurde deine Katze zuletzt gesehen? Bei Punkt C.

Welche Strecke hat deine Katze zurückgelegt? 925 m = 0,925 km.

Wie lange brauchst du etwa, wenn du diese Strecke zu Fuß gehen willst? 10 Minuten

Verwinkelte Straßen

Bei der Suche nach deiner Katze sind dir viele Abbiegungen mit unterschiedlichen Winkeln aufgefallen. Kannst du die Größe der Winkel bei den einzelnen Punkten angeben? Beschrifte dann auch die Winkel! Markiere in der Tabelle die spitzen Winkel rot und die stumpfen Winkel grün!

A	B	C	D	E	F	G
α = 120°	β = 75°	γ = 80°	δ = 160°	ε = 40°	ζ = 100°	η = 105°

Vervollständige den Steckbrief

Spiegle das Bild der Katze an der Symmetrieachse, gib die fehlenden Werte an und ergänze wichtige Eigenschaften!

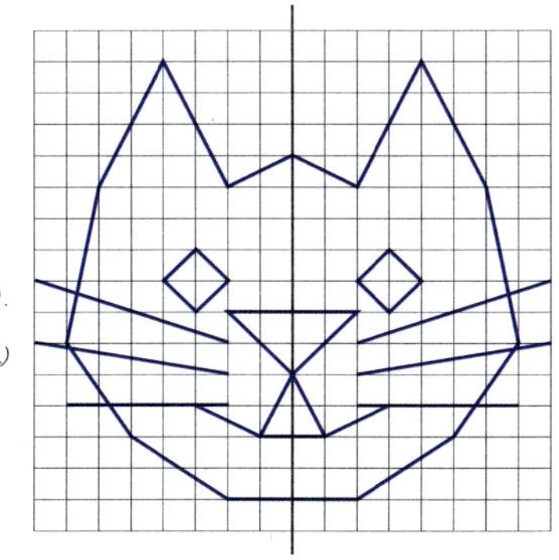

Steckbrief

Unsere Katze ist verschwunden. Sie ist 3,5 Jahre alt (= 42 *Monate) und wiegt etwa 4,5 kg (=* 4 500 *g). Sie ist 45 cm (=* 450 *mm) lang, 33 cm (=* 3,3 *dm) hoch und hat ein weißes Fell. Weitere wichtige Eigenschaften:*

z. B. rothaarig, z. B. gefleckt

Hinweise bitte an: xxx, *Telefon:* xxx

Katz und Maus

Zuletzt wurde deine Katze auf einem eingezäunten Feld mit einer Länge von 27 m und einer Breite von 36 m gesehen. Wie groß ist die Fläche, die durchsucht werden muss? 972 m²

Wie lange ist der Zaun um das Grundstück herum? 126 m

Leider ist das Gras auf dem Feld sehr hoch, wenn du die die Ergebniszahlen von Umfang und Flächeninhalt im Feld suchst, kannst du die Katze sicher finden.

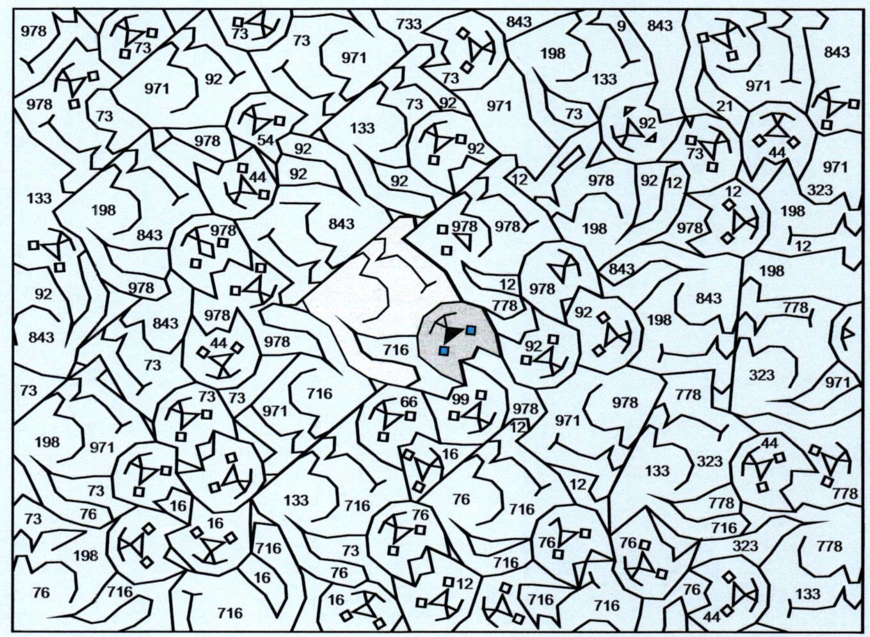

URLAUB AM STRAND

In welchem Land macht Lea am liebsten Urlaub?

Wenn du den Pfeilen richtig folgst, dann findest du heraus, dass es Österreich ist.

Schreibe die Namen der Länder dazu!

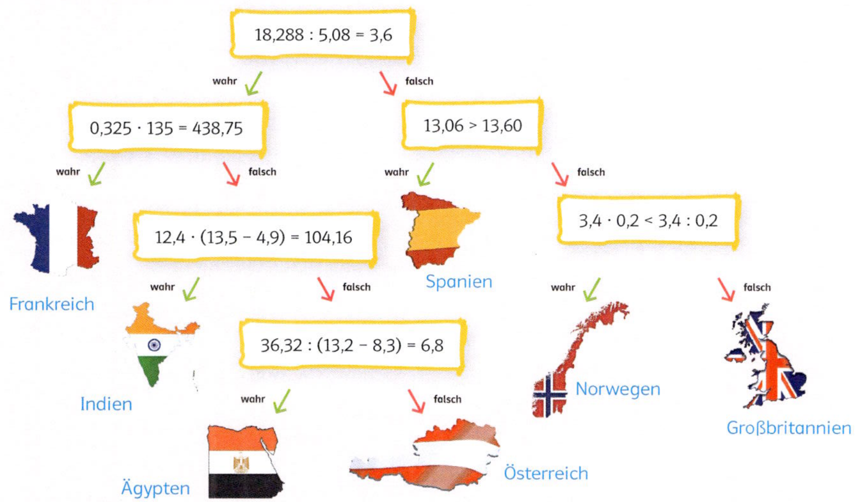

Welches ist dein liebstes Reiseziel? z. B. Schweiz

Urlaubsvorbereitung – Koffer packen

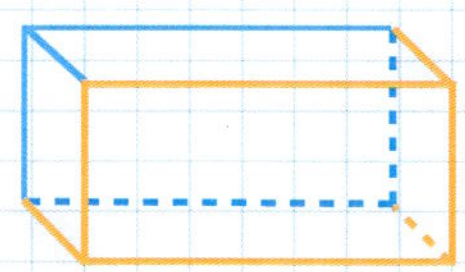

Lea möchte ein Bild von ihrem Urlaubskoffer malen. Hilf ihr dabei! Vervollständige den Schrägriss des Quaders! Zeichne sichtbare Kanten als durchgehende, nicht sichtbare als strichlierte Linien! Verziere dann den Koffer mit Farben, Reißverschlüssen, Schnallen und Griffen!

Berechne das Koffervolumen, wenn der Koffer 1,5 m lang, 90 cm breit und 25 cm hoch sein soll! Gib das Ergebnis in Kubikmeter an!

$V = a \cdot b \cdot c$ NR: 1,5 m = 150 cm

$V = 150 \cdot 90 \cdot 25 = 337\,500\ cm^3 = 337{,}5\ dm^3 = 0{,}3375\ m^3$

Das Koffervolumen beträgt $0{,}3375\ m^3$.

Koffer packen

Packe die Begriffe in den jeweils richtigen Koffer!

Multiplikation, Addition, Multiplikator, Divisor, Summe, Subtrahend, Summand, Dividend, Multiplikand, Quotient, Subtraktion, Produkt, Division, Minuend, Differenz, Faktor

Beachte die Farben!

Schnorchelausflug

Welches Tier entdeckt Lea beim Schnorcheln? Male die Zahlen der berechneten Größen bunt an!

$1\ m^3\ 45\ dm^3$ = 1 045 dm^3	3 kg 26 g = 3,026 kg	162 m 4 cm = 162,04 m
24 m = 24 000 mm	$9{,}73\ cm^3$ = 9 730 mm^3	5234 c = 52,34 €
$5\ m^2\ 6\ dm^2$ = 5,06 m^2	324 kg = 0,324 t	$3\ m^2\ 18\ dm^2\ 15\ cm^2$ = 3,1815 m^2
3 h 16 min = 196 min	$352{,}1\ dm^3$ = 0,3521 m^3	1,8 h = 108 min
3 km 620 m = 3,62 km	10 km 6 m = 10,006 km	$3\ dm^2\ 16\ cm^2$ = 3,16 dm^2

42 kg = 4 200 dag

$152\ cm^2$ = 0,0152 m^2

3 t 4 kg = 3 004 kg

16,32 € = 1 632 c

0,032 km = 32 m

216 Monate = 18 Jahre

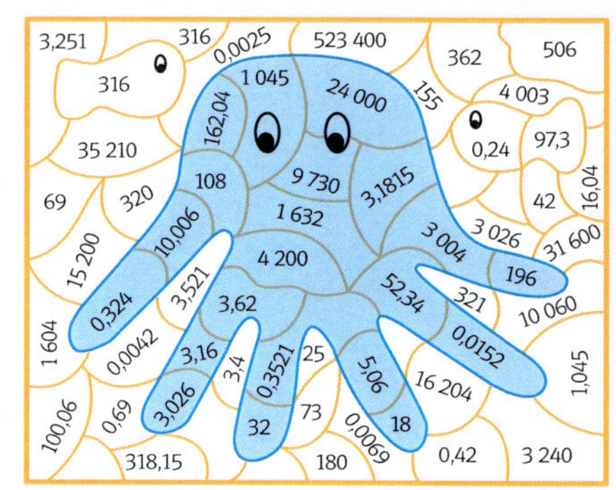

IM SPIELZIMMER

Alles braucht seine Ordnung

Du kaufst dir drei Spielzeugkisten aus Holz, die man selbst zusammenbauen kann. Leider sind die Teile durcheinander geraten. Kannst du sie richtig sortieren? Schreibe den jeweiligen Buchstaben in die Teile!

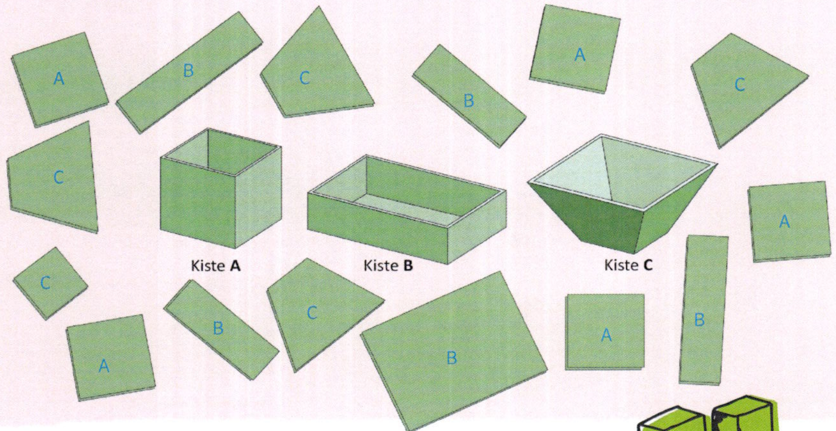

Eine kleine Stadt

Du möchtest eine kleine Stadt mit Papiergebäuden basteln.
Male jene Netze an, die sich zu Körpern zusammenfalten lassen!

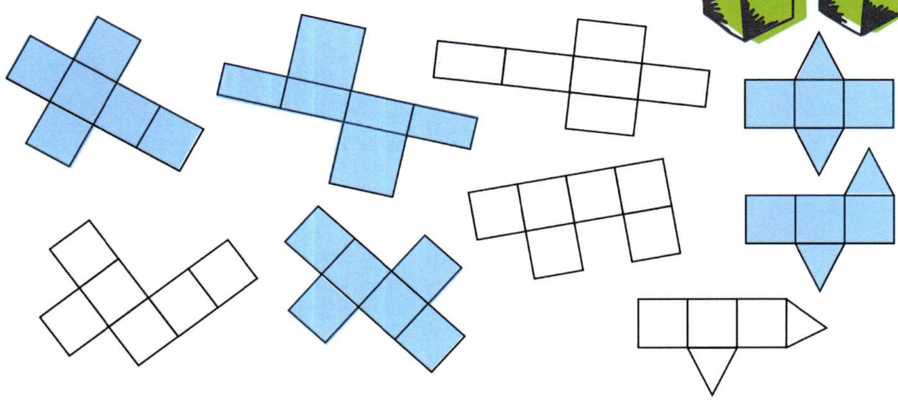

Basteltipp: Zeichne die Netze ab und bau dir selbst eine kleine Stadt! Vergiss die Klebelaschen nicht. Verwende dazu ein starkes Papier oder bunten Karton. Du kannst die Häuser bemalen und mit den Häusern eine kleine Stadt bauen.

Ferngesteuerte Drohne

Tom hat mit seiner kleinen ferngesteuerten Drohne auf dem Spieleteppich viel Spaß, leider hält der Akku nicht sehr lange und er muss seine Flugabenteuer gut planen. Versuche von Punkt A aus die angegebenen Punkte mit der kürzesten Flugstrecke zu erreichen und wieder zum Punkt A zurückzukehren! Gib die Länge dieser Flugstrecke am Plan an!

Die kürzeste Strecke beträgt
ca. 27 cm.

Autorennen

Du hast 5 Freunde zum Spielen mit deiner Rennbahn eingeladen. Alle wollen mit dem roten Flitzer fahren, weil er einfach am schnellsten ist. Folgende Zeiten habt ihr gestoppt:

Name	Zeit	Gemessene Strecke
Sandra	75 Sekunden	Eine Runde
Michael	3 Minuten und 14 Sekunden	Vier Runden
Leopold	1 Minute und 12 Sekunden	Eine Runde
Teresa	1/4 Stunde	Viele Runden
Phil	Bis er zum Essen gerufen wurde	Zwölf Runden

a) Welche Messergebnisse kann man nicht verwenden? Begründe! Man kann die Zeitdauer von Phil nicht verwenden, ebenso die Strecke von Teresa, da sie nicht aufgeschrieben hat, wie viele Runden es sind.

b) Wer kann im Durchschnitt am schnellsten fahren? Michael

c) Skizziere deine Traum-Rennbahn, auf der zwei Autos nebeneinander fahren können. Achte darauf, dass sie überall gleich breit ist!

DER VERRÜCKTE PROFESSOR

Ein Rätsel zu Beginn

Das ist Dimitrus Holgi. Er ist ein sehr zerstreuter, verrückter Professor.
Er hat mehrere Helfer: Sandra, Tobias und Marco.

Der Professor stellt den Dreien ein Rätsel:

„Ich denke mir eine unbekannte Zahl k aus.
Wie lautet die Zahl, die um k größer
als das Sechsfache der Zahl ist?“

Wer hat recht? Kreise ein!

Die tückische Maschine

Herr Professor Holgi arbeitet an einer neuen Maschine, für die er noch einige Berechnungen durchführen muss. Kannst du ihm helfen?

	b + 3	b · 2	b · 2 + 3	b · (2 + 3)
b = 3	6	6	9	15
b = 2,5	5,5	5	8	12,5

Der Rechenfehler

Marco hat einige Berechnungen durchgeführt. Dabei hat er nicht alle Vorrangregeln richtig verwendet! Korrigiere ihn!

Marcos Rechnung:

(15,5 + 18,4) : 3 + 3 · (16,23 – 14,63) =

33,9 : 6 · 1,6 =

5,65 · 1,6 = 9,04

Deine Korrektur:

(15,5 + 18,4) : 3 + 3 · (16,23 – 14,63) =

33,9 : 3 + 3 · 1,6 =

11,3 + 4,8 = 16,1

So ein Durcheinander!

Typisch Professor Holgi! Terme und Texte sind durcheinandergeraten!
Male die beiden zusammenpassenden Kästchen immer mit der gleichen Farbe an!

Das 5-fache einer Zahl

p – 1

Die Hälfte der Zahl

Der Nachfolger der Zahl

n + 1

m · 2

Der Vorgänger

a + 5

k · 5

c : 2

Die um 5 größere Zahl

Das Doppelte der Zahl

Das ungewöhnliche Haustier

Der Professor hat ein sehr ungewöhnliches Tier auf der Schulter sitzen. Löse die folgenden Divisionen mit Rest! Bemale die Reste! Du kannst anschließend das Tier erkennen.

143 : 5 =	28	3R.
1 390 : 7 =	198	4R.
142 : 11 =	12	10R.
481 : 25 =	19	6R.
7 679 : 21 =	365	14R.
25 : 5 =	5	0R.
1 120 : 23 =	48	16R.
8 529 : 69 =	123	42R.
7 806 : 63 =	123	57R.
11 285 : 118 =	95	75R.
3 885 : 162 =	23	159R.
3 3075 : 263 =	125	200R.
1 555 : 30 =	51	25R.
5 420 : 781 =	6	734R.

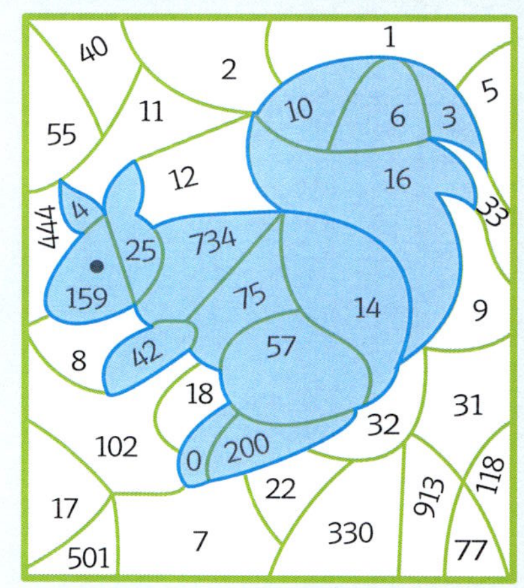

IM SCHWIMMBAD

Die Jahreskarte

Sandra ist 12 Jahre alt und geht häufig schwimmen. Sie überlegt sich den Kauf einer Jahreskarte. Sandra muss 15 mal ins Schwimmbad gehen, damit sich die Jahreskarte rentiert!

Sandras Bruder ist schon 17 Jahre alt. Daher muss er mindestens 19 mal ins Schwimmbad gehen, damit sich die Jahreskarte lohnt.

Sandra muss 214,8 € bezahlen, wenn sie für sich, ihren Bruder und ihre Mutter eine Jahreskarte für das Schwimmbad kaufen möchte.

PREISLISTE Schwimmbad

Einzeleintritt	
Erwachsene	4,70 €
Jugendliche (bis 16)	3,90 €
Kinder (bis 14)	2,50 €
Wochenkarte	
Erwachsene	19,90 €
Jugendliche (bis 16)	15,90 €
Kinder (bis 14)	9,90 €
Jahreskarte	
Erwachsene	88,90 €
Jugendliche (bis 16)	65,80 €
Kinder (bis 14)	37,00 €

Geheimer Code?

Im Schwimmbad gibt es auch eine Dampfgrotte, die wie ein römischer Tempel gestaltet ist. Darin sind die folgenden Zeichen eingemeißelt. Schreibe diese römischen Zahlen in unserem Zahlensystem! Streiche jene weg, die so nicht stimmen können.

XXXIV = 34 MLI = 1 051 XXXIII = 33 CD = 400

XXX = 30 ~~MIDI =~~ XXIX = 29 ~~MMLCDI =~~

Wassertemperatur

Im Schwimmbad gibt es auch einen unbeheizten Naturteich. Die Temperatur in diesem Teich hängt vom Wetter ab und verändert sich stark. Der See darf erst ab 18° C benutzt werden.

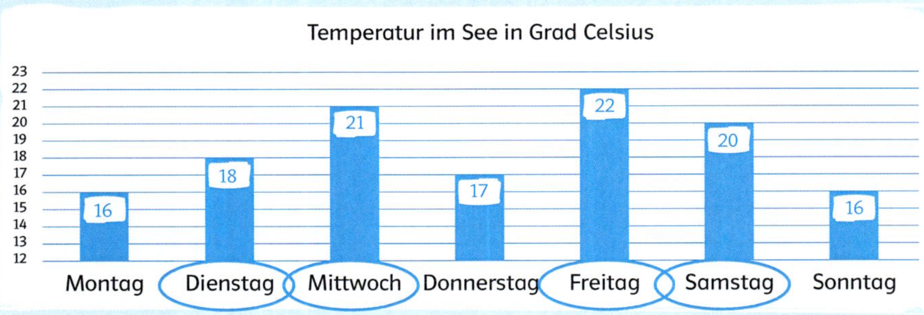

Kreise jene Tage grün ein, an welchen man den See nutzen darf!

Schreibe die Temperatur zu jedem Tag in die Felder!

Kann man in der Grafik auch 0 Grad eintragen? Begründe deine Antwort! Nein, denn die vertikale Achse beginnt erst bei 12°.

Wettschwimmen

Sandra macht mit ein paar anderen Schwimmbadbesucher ein Wettschwimmen im 50-m-Becken. Sie sind vor einer Minute auf der linken Seite gestartet und schwimmen die erste Länge.

Welche Aussage passt zu welcher Bahn? Die Schwimmer sind als Punkte dargestellt (für die zurückgelegte Länge eines Schwimmers beachte den Mittelpunkt eines Kreises).

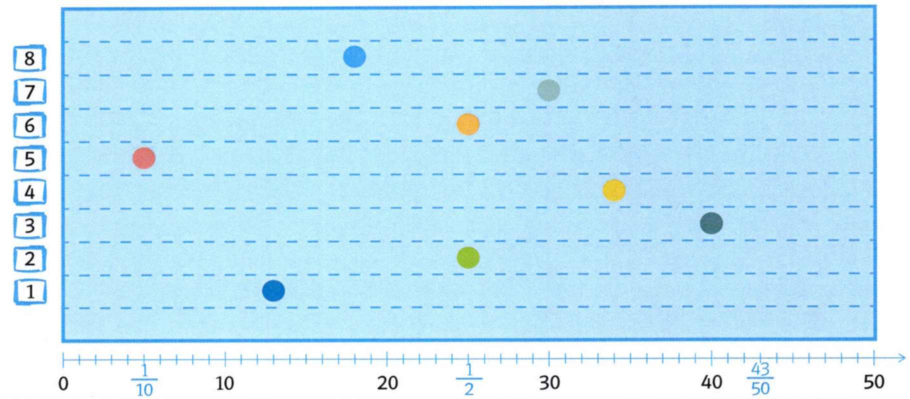

Bahn	Strecke	Aussage
4	34 m	Ich bin schon 34 m weit geschwommen.
2	25 m	Ich bin schon 25 m weit geschwommen aber der Schwimmer neben mir ist in Führung.
1	13 m	Ich bin Zweitletzter.
3	40 m	Wenn ich noch 10 m schwimme, bin ich am Beckenrand angekommen.
5	5 m	Ich habe wohl das Startzeichen verpasst.
6	25 m	Ich habe die Hälfte der ersten Länge geschafft.
7	30 m	Wenn mich keiner mehr überholt, bin ich an dritter Stelle.
8	18 m	Meine Bahnnummer kommt in meiner zurückgelegten Strecke als Ziffer vor.

Bis jetzt haben die Kinder gesamt 190 m m zurückgelegt. Im Durchschnitt sind die Kinder nach einer Minute 23,75 m geschwommen. Zeichne unter dem Zahlenstrahl $\frac{1}{2}$, $\frac{43}{50}$ und $\frac{1}{10}$ der Beckenlänge ein! Maria benötigt für eine Länge im 50-Meter-Becken durchschnittlich 2,5 Minuten. Sie schwimmt um 14:35 Uhr los und möchte einen halben Kilometer schwimmen, um welche Uhrzeit hat sie ihr Ziel etwa erreicht? 15:00

Weltrekorde auf der 50 m Bahn

Stoppe deine Zeit und die deiner Freunde, wenn du im Schwimmbad bist.

Disziplin	Zeit	Schwimmer	Nation	Jahr
Freistil	20,91 s	César Cielo Filho	Brasilien	2009
Rücken	24,04 s	Liam Tanock	Vereinigtes Königreich	2009
Brust	26,42 s	Adam Peaty	Vereinigtes Königreich	2015

AUF DEM BAUERNHOF

Martins Hühner

Martin hat für seine Hühner ein Gehege gebaut. Die Grundfläche hat die Form eines Kreises mit Radius r. Der Mittelpunkt des Geheges ist mit M markiert.
Martins Hühner haben alle einen Namen: Anita, Bärbel, Constanze, Dori, Elfi, …
Sie werden mit ihren Anfangsbuchstaben A, B, C, D, E, … bezeichnet.

Die Hühner befinden sich aber nicht alle im Gehege!
Kreuze die richtigen Aussagen an!

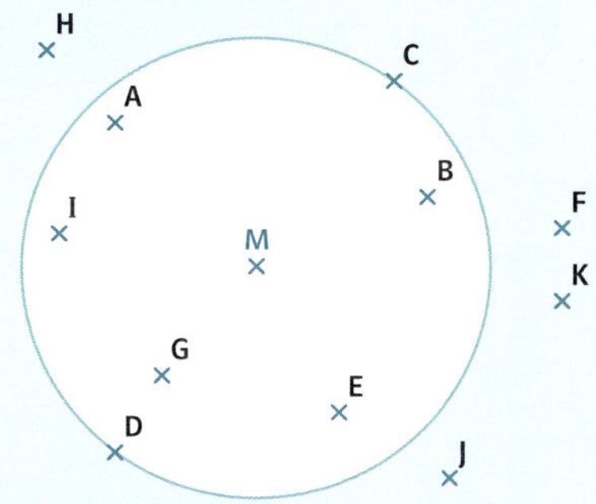

☐ $\overline{AM} > r$	☐ $\overline{AM} = r$	☒ $\overline{AM} < r$
☐ $\overline{BM} > r$	☐ $\overline{BM} = r$	☒ $\overline{BM} < r$
☐ $\overline{CM} > r$	☒ $\overline{CM} = r$	☐ $\overline{CM} < r$

Setze das Zeichen „<", „=" bzw. „>" so ein, dass eine wahre Aussage entsteht!

$\overline{DM}$ [=] r	$\overline{EM}$ [<] r	$\overline{FM}$ [>] r
$\overline{GM}$ [<] r	$\overline{HM}$ [>] r	$\overline{IM}$ [<] r

Wo befinden sich Constanze und Dori?
auf dem Zaun

Welche sind deine liebsten Tiere am Bauernhof?

Ein mysteriöses Tier

Welches Tier treibt sich hier auf dem Bauernhof herum?

Konstruiere einen Kreis mit Radius r = 1,5 cm mit Mittelpunkt A!
Konstruiere einen Kreis mit Mittelpunkt X durch den Punkt Y!
Konstruiere die Strecken BH, CI, EK, FL, GM, DJ!

Um welches Tier könnte es sich handeln? Zeichne es fertig!

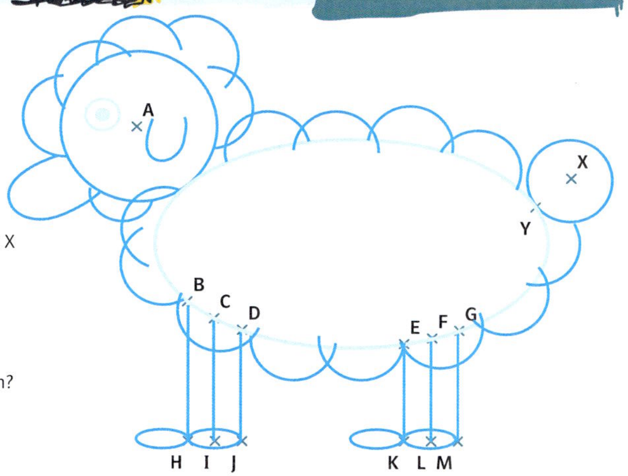

Ein Hasenstall, der Kopfzerbrechen bereitet

Martin hält aber noch andere Tiere auf seinem Bauernhof, zum Beispiel Hasen. Der Auslauf für die Hasen hat momentan eine quadratische Grundfläche mit einer Seitenlänge von 28 m. Aus Platzgründen muss Martin den Stall umbauen. Der Stall darf nur noch 16 m breit sein.

Wie lange muss der Auslauf werden, damit die Hasen dieselbe Fläche wie vorher zur Verfügung haben? Wieviel Zaun braucht Martin dafür? Länge: 49 m, Umfang: 130 m

Kleines Kreuzzahlenrätsel

Löse die Rechnungen. Trage die Ergebnisse an der richtigen Stelle ein! Achte darauf, dass in jedes Kästchen nur eine Ziffer kommt!

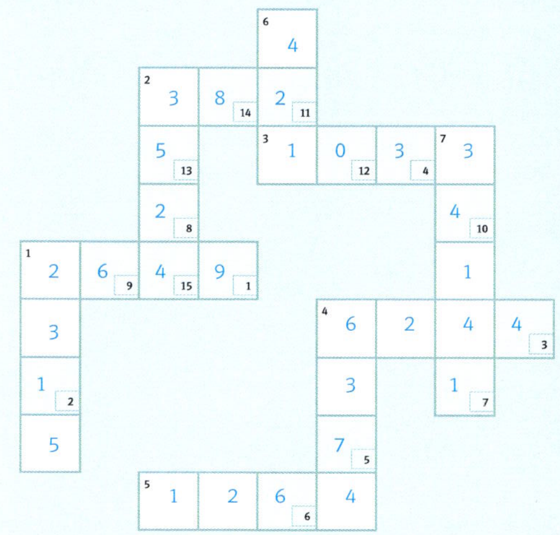

Waagrecht:

1	Subtrahiere das Doppelte von 1 785 von 6 219!
2	Welche Zahl erhält man, wenn man 3 438 durch 9 teilt?
3	Dividiere 24 792 durch 24!
4	Bilde das Produkt der Zahlen 446 und 14!
5	Bilde den Quotienten aus 18 960 und 15!

Senkrecht:

1	Addiere 896, 365 und 1 054!
2	Multipliziere die Hälfte von 1 762 mit 4!
4	Bilde die Differenz von 10 000 und 3 626!
6	Ziehe das Doppelte von 354 von 1 129 ab!
7	Bilde die Summe der Zahlen 17 683 und 16 458!

Wenn du das Kreuzzahlenrätsel richtig ausgefüllt hast, trage nun die Ziffern der markierten Kästchen mit den umrandeten Zahlen **1 – 15** in der richtigen Reihenfolge ein! Löse mithilfe der Codetabelle das Rätsel! Das Lösungswort beschreibt eine sehr nette Beschäftigung in den Ferien.

Ziffern:	11	2	15	1	9	5	14	4	13	3	6	12	7	10	8
Buchstaben:	B	A	U	E	R	N	H	O	F	U	R	L	A	U	B

0	1	2	3	4	5	6	7	8	9
L	A	B	O	U	F	R	N	H	E

IN DER KÜCHE

Pizzabäcker

Michael hat mit seinem Vater 12 Pizzen gebacken und 5 Kinder zum Essen eingeladen.
Zum Schluss war keine Pizza ganz aufgegessen. Gib an, welcher Bruchteil der Pizza jeweils übrig ist!
Verbinde anschließend zwei Reststücke einer Pizza, die wieder eine ganze Pizza ergeben.

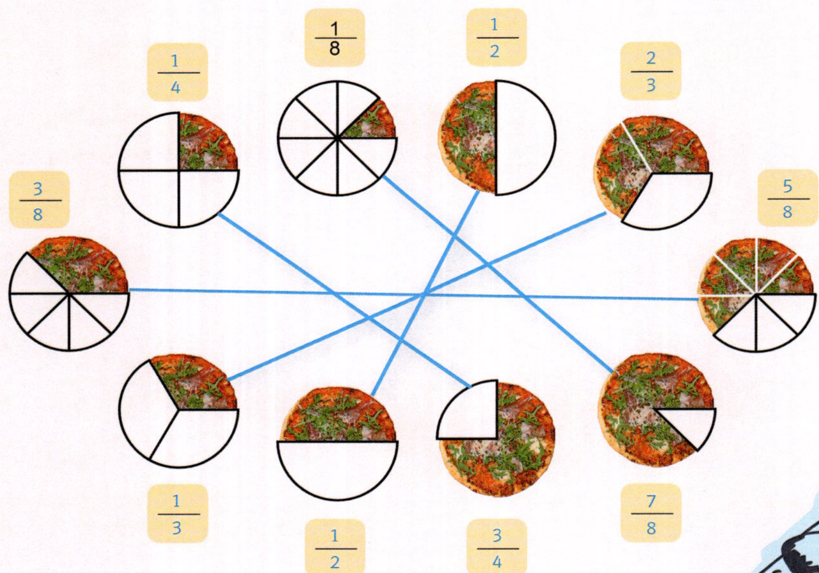

Abwiegen

Nimm eine Küchenwaage und wiege genau ab! Lass Verpackungen dabei geschlossen!

	Masse in Gramm	Masse in Dekagramm	Masse in Kilogramm
1 l Milch	1 060 g	106 dag	1,06 kg
1 Packung Butter	252 g	25,2 dag	0,252 kg
1 Tafel Schokolade	101 g	10,1 dag	0,101 kg
1 Stück Brot	z. B. 88 g	8,8 dag	0,088 kg
1 Packung Salz	z. B. 512 g	51,2 dag	0,512 kg
1 Packung Zucker	1 010 g	101 dag	1,01 kg
1 Zwiebel	z. B. 170 g	17 dag	0,17 kg

Wie genau kann deine Küchenwaage messen? Begründe! ______________________

Lieblingsspeise?

In einer Klasse sind genau 12 Jungen und 12 Mädchen. Die Kinder dieser Klasse werden nach ihrer Lieblingsspeise gefragt. Die Antworten siehst du in der Grafik.

Die Kinder wünschen sich für ihre Pizza einen ganz unterschiedlichen Belag. Ein Kind mag sein Wiener Schnitzel lieber mit Pommes Frites, ein anderer lieber mit Salat. Kreuze an, welche Aussagen man mit Hilfe der Tabelle treffen kann!

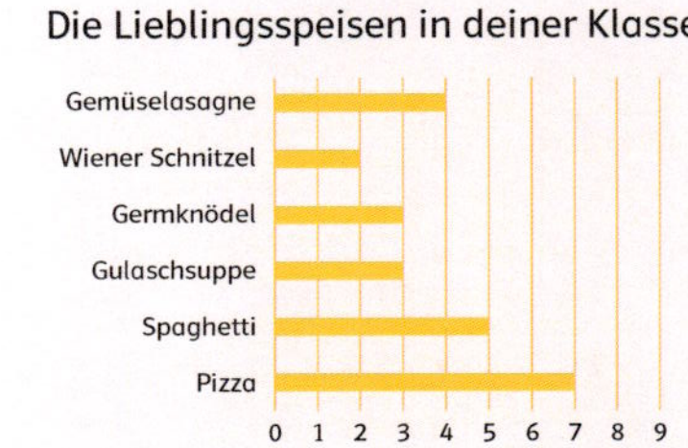

	Aussage
X	Weniger als die Hälfte der Klasse mag am liebsten Pizza.
	Die Lehrerin hat bei der Umfrage auch mitgemacht.
	Fast alle Buben mögen gerne Pizza.
X	Alle Kinder mögen lieber Pommes Frites als Salat.
	Ein Achtel der Kinder mag gerne Germknödel.
X	Ein Drittel der Kinder mag gerne Pizza.
	Gemüselasagne ist für doppelt so viele Kinder die Lieblingsspeise wie Wiener Schnitzel.
	Es gibt genauso viele Buben wie Mädchen, die am liebsten Germknödel mögen.

Muffins zum Nachtisch

Fülle die fehlenden Felder aus! Runde auf Gramm!

	Für 12 Muffins:	Für 24 Muffins:	Für 6 Muffins:
Zucker	120 g	240 g	60 g
Mehl	180 g	360 g	90 g
Vanillejoghurt	180 g	360 g	90 g
Backpulver	15 g	30 g	7,5 g
Vanillezucker	15 g	30 g	7,5 g
Eier	2	4	1
Backtemperatur	180° C	180 ° C	180 ° C
Backzeit	25 Minuten	25 Minuten	25 Minuten

Welche Werte sind unabhängig von der Anzahl der Muffins? Begründe!

____

____

AM HAFEN

Haben alle Platz im Hafen?

Hier siehst du einen Hafen im Maßstab 1 : 1 000. Miss jedes ankommende Schiff aus und zeichne es genau beim passenden grünen Anlegeplatz ein!

Gib bei jedem Schiff seine wahre Länge in Meter an! 1 cm entspricht 10 m in Wirklichkeit.

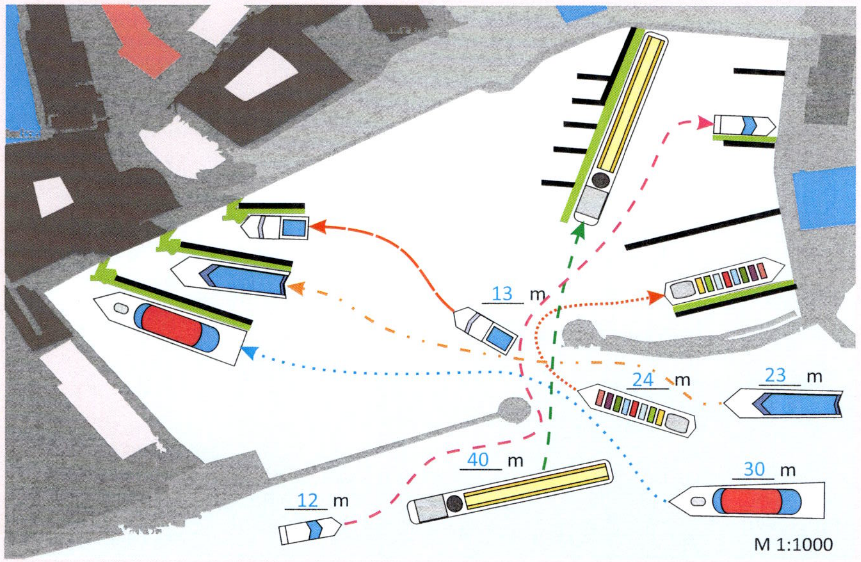

Eine mächtige Flotte?

Welches ist das älteste Schiff? MS Austria

Welches ist das längste Schiff? MS Vorarlberg

Wie viele Passagiere könnten auf allen Schiffen zusammen Platz finden? 2910

Name	Baujahr	Länge	Breite	Passagiere
MS Austria	1939	5 990 cm	1 120 cm	1 200
MS Montafon	1957	27,72 m	4,27 m	160
MS Vorarlberg	1965	61,95 m	12,05 m	1 000
MS Stadt Bregenz	1990	4 190 cm	860 cm	300
MS Alpenstadt Bludenz	2004	32,5 m	7,2 m	250
			Summe:	2910

Information: MS steht für Motorschiff

Das längste Motorschiff (MS) der Flotte

Auf dem Bild siehst du das längste Schiff der Flotte. Skizziere die anderen Schiffe im richtigen Größenverhältnis daneben. Achte auf die richtige Einteilung, damit alle Schiffe Platz haben! Beschrifte jedes Motorschiff!

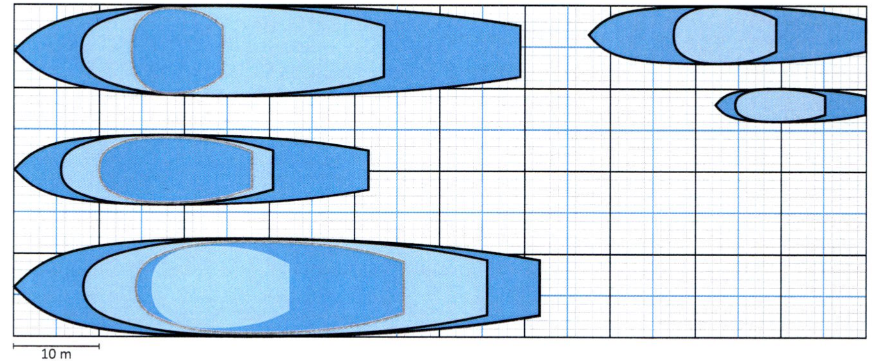

Schiff oder Zug?

Martin wohnt in Bregenz und möchte nach Friedrichshafen fahren. In beiden Städten ist der Bahnhof neben dem Hafen und er könnte sowohl mit dem Zug als auch mit dem Schiff fahren.
Wie lange dauern die Fahrten? Was ist schneller?

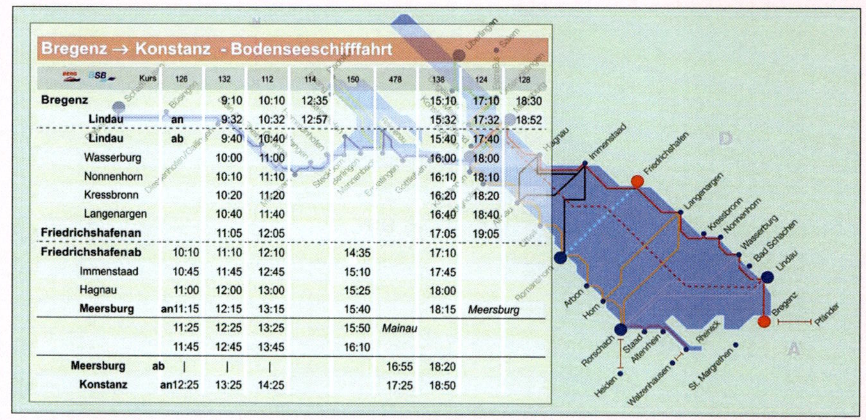

Bregenz → Konstanz - Bodenseeschifffahrt

Kurs		126	132	112	114	150	478	138	124	128
Bregenz			9:10	10:10	12:35			15:10	17:10	18:30
Lindau	an		9:32	10:32	12:57			15:32	17:32	18:52
Lindau	ab		9:40	10:40				15:40	17:40	
Wasserburg			10:00	11:00				16:00	18:00	
Nonnenhorn			10:10	11:10				16:10	18:10	
Kressbronn			10:20	11:20				16:20	18:20	
Langenargen			10:40	11:40				16:40	18:40	
Friedrichshafen	**an**		11:05	12:05				17:05	19:05	
Friedrichshafen	**ab**	10:10	11:10	12:10		14:35		17:10		
Immenstaad		10:45	11:45	12:45		15:10		17:45		
Hagnau		11:00	12:00	13:00		15:25		18:00		
Meersburg	an	11:15	12:15	13:15		15:40		18:15	*Meersburg*	
		11:25	12:25	13:25		15:50	*Mainau*			
		11:45	12:45	13:45		16:10				
Meersburg	ab	|	|	|			16:55	18:20		
Konstanz	an	12:25	13:25	14:25			17:25	18:50		

Verkehrsmittel	Ab Bregenz	Nach Friedrichshafen	Dauer (h:min)
Zug	08:30 Uhr	10:21 Uhr	1:51
Schiff	09:10 Uhr	11:05 Uhr	1:55
Zug	10:09 Uhr	12:22 Uhr	2:13
Schiff	10:10 Uhr	12:05 Uhr	1:55
Zug	11:35 Uhr	13:17 Uhr	1:42 (schnellste)

Lernziele – Sommertraining Mathematik 1

Folgende Lernziele der ersten Klasse überprüfst du in diesem Heft:

Vervollständige den Steckbrief

Spiegle das Bild der Katze an der Symmetrieachse, gib die fehlenden Werte an und ergänze wichtige Eigenschaften!

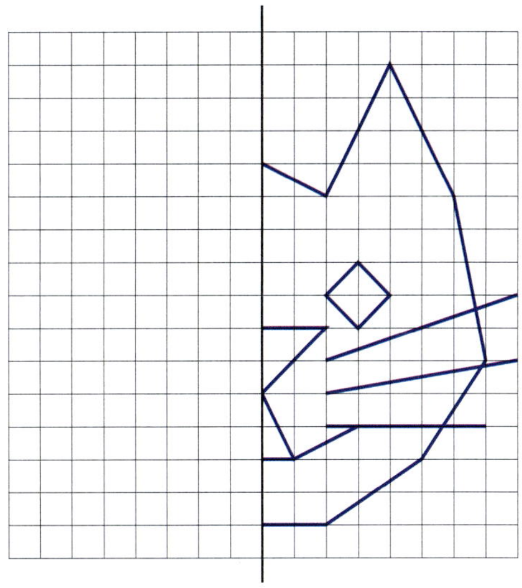

Steckbrief

Unsere Katze ist verschwunden. Sie ist 3,5 Jahre alt (= ________ Monate) und wiegt etwa 4,5 kg (= ________ g). Sie ist 45 cm (= ________ mm) lang, 33 cm (= ________ dm) hoch und hat ein weißes Fell. Weitere wichtige Eigenschaften:

________ , ________

Hinweise bitte an: ________ , *Telefon:* ________

Katz und Maus

Zuletzt wurde deine Katze auf einem eingezäunten Feld mit einer Länge von 27 m und einer Breite von 36 m gesehen. Wie groß ist die Fläche, die durchsucht werden muss? ________ m²

Wie lange ist der Zaun um das Grundstück herum? ________ m

Leider ist das Gras auf dem Feld sehr hoch, wenn du die die Ergebniszahlen von Umfang und Flächeninhalt im Feld suchst, kannst du die Katze sicher finden.

URLAUB AM STRAND

In welchem Land macht Lea am liebsten Urlaub?

Wenn du den Pfeilen richtig folgst, dann findest du heraus, dass es ______________________________ ist.

Schreibe die Namen der Länder dazu!

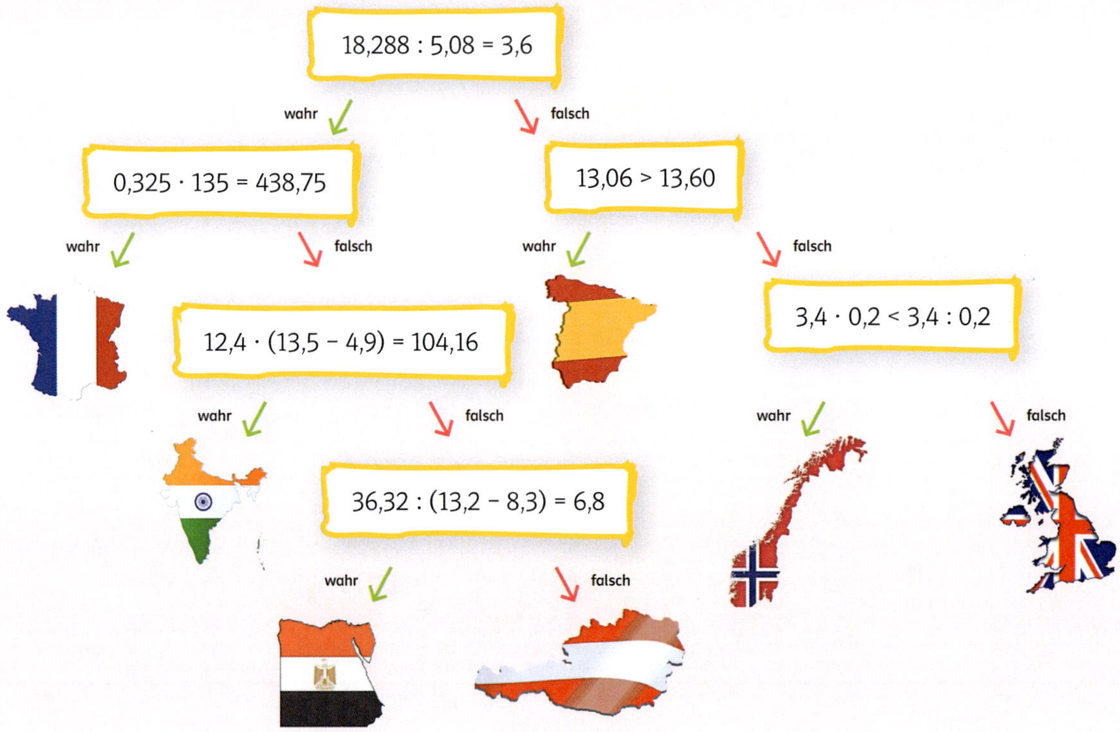

Welches ist dein liebstes Reiseziel? ______________________________

Urlaubsvorbereitung – Koffer packen

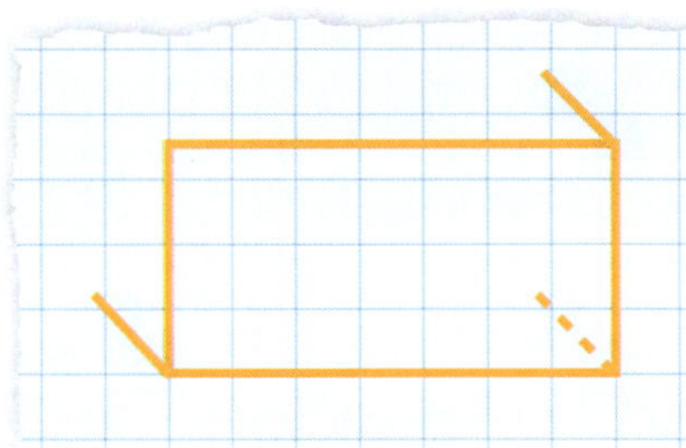

Lea möchte ein Bild von ihrem Urlaubskoffer malen. Hilf ihr dabei! Vervollständige den Schrägriss des Quaders! Zeichne sichtbare Kanten als durchgehende, nicht sichtbare als strichlierte Linien! Verziere dann den Koffer mit Farben, Reißverschlüssen, Schnallen und Griffen!

Berechne das Koffervolumen, wenn der Koffer 1,5 m lang, 90 cm breit und 25 cm hoch sein soll! Gib das Ergebnis in Kubikmeter an!

Koffer packen

Packe die Begriffe in den jeweils richtigen Koffer!

Multiplikation Addition Divisor
Summe Multiplikator
Subtrahend Summand Dividend Multiplikand
Quotient Subtraktion
Produkt Division
Differenz Minuend
Faktor

Schnorchelausflug

Welches Tier entdeckt Lea beim Schnorcheln? Male die Zahlen der berechneten Größen bunt an!

1 m³ 45 dm³ = ____________ dm³ | 3 kg 26 g = ____________ kg | 162 m 4 cm = ____________ m

24 m = ____________ mm | 9,73 cm³ = ____________ mm³ | 5234 c = ____________ €

5 m² 6 dm² = ____________ m² | 324 kg = ____________ t | 3 m² 18 dm² 15 cm² = ____________ m²

3 h 16 min = ____________ min | 352,1 dm³ = ____________ m³ | 1,8 h = ____________ min

3 km 620 m = ____________ km | 10 km 6 m = ____________ km | 3 dm² 16 cm² = ____________ dm²

42 kg = ____________ dag

152 cm² = ____________ m²

3 t 4 kg = ____________ kg

16,32 € = ____________ c

0,032 km = ____________ m

216 Monate = ____________ Jahre

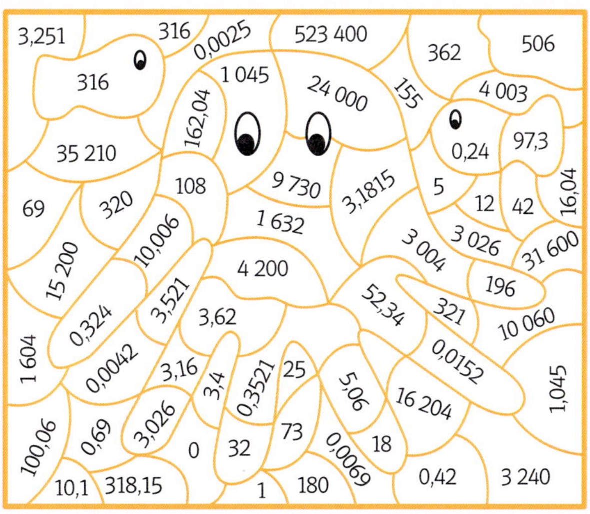

IM SPIELZIMMER

Alles braucht seine Ordnung

Du kaufst dir drei Spielzeugkisten aus Holz, die man selbst zusammenbauen kann. Leider sind die Teile durcheinander geraten. Kannst du sie richtig sortieren? Schreibe den jeweiligen Buchstaben in die Teile!

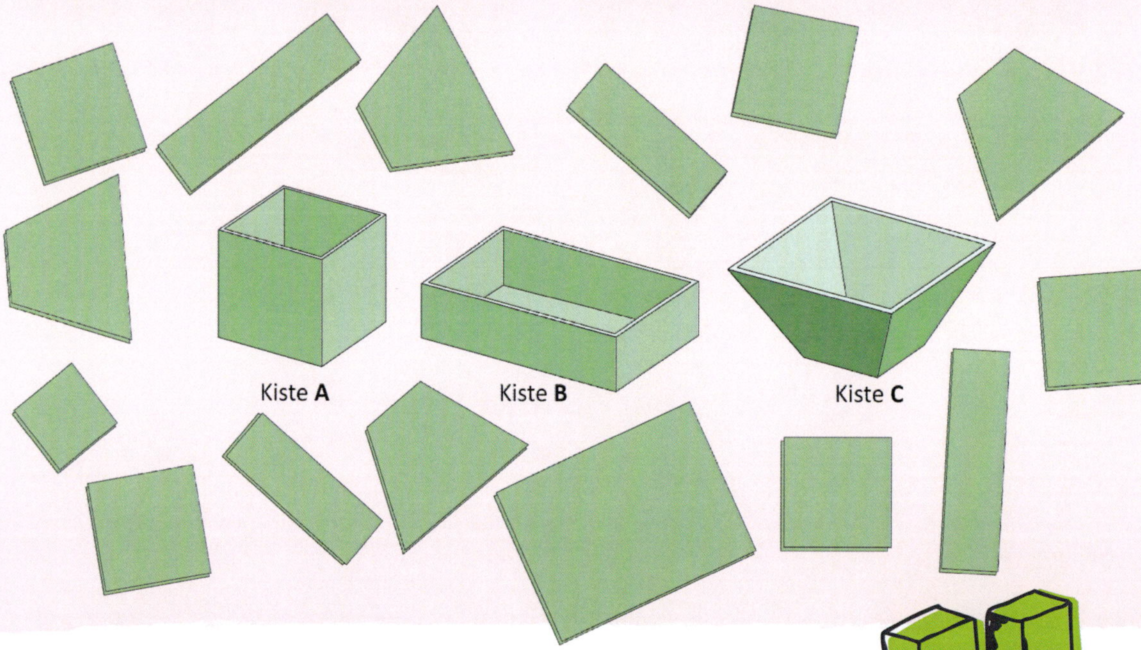

Eine kleine Stadt

Du möchtest eine kleine Stadt mit Papiergebäuden basteln.
Male jene Netze an, die sich zu Körpern zusammenfalten lassen!

Basteltipp: Zeichne die Netze ab und bau dir selbst eine kleine Stadt! Vergiss die Klebelaschen nicht. Verwende dazu ein starkes Papier oder bunten Karton. Du kannst die Häuser bemalen und mit den Häusern eine kleine Stadt bauen.

Ferngesteuerte Drohne

Tom hat mit seiner kleinen ferngesteuerten Drohne auf dem Spieleteppich viel Spaß, leider hält der Akku nicht sehr lange und er muss seine Flugabenteuer gut planen. Versuche von Punkt A aus die angegebenen Punkte mit der kürzesten Flugstrecke zu erreichen und wieder zum Punkt A zurückzukehren! Gib die Länge dieser Flugstrecke am Plan an!

Die kürzeste Strecke beträgt

ca. ________ cm.

Autorennen

Du hast 5 Freunde zum Spielen mit deiner Rennbahn eingeladen. Alle wollen mit dem roten Flitzer fahren, weil er einfach am schnellsten ist. Folgende Zeiten habt ihr gestoppt:

Name	Zeit	Gemessene Strecke
Sandra	75 Sekunden	Eine Runde
Michael	3 Minuten und 14 Sekunden	Vier Runden
Leopold	1 Minute und 12 Sekunden	Eine Runde
Teresa	1/4 Stunde	Viele Runden
Phil	Bis er zum Essen gerufen wurde	Zwölf Runden

a) Welche Messergebnisse kann man nicht verwenden? Begründe! ________________

____

b) Wer kann im Durchschnitt am schnellsten fahren? ________________

c) Skizziere deine Traum-Rennbahn, auf der zwei Autos nebeneinander fahren können. Achte darauf, dass sie überall gleich breit ist!

DER VERRÜCKTE PROFESSOR

Ein Rätsel zu Beginn

Das ist Dimitrus Holgi. Er ist ein sehr zerstreuter, verrückter Professor.
Er hat mehrere Helfer: Sandra, Tobias und Marco.

Der Professor stellt den Dreien ein Rätsel:

„Ich denke mir eine unbekannte Zahl k aus.
Wie lautet die Zahl, die um k größer
als das Sechsfache der Zahl ist?“

Wer hat recht? Kreise ein!

Die tückische Maschine

Herr Professor Holgi arbeitet an einer neuen Maschine, für die er noch einige Berechnungen durchführen muss. Kannst du ihm helfen?

	b + 3	**b · 2**	**b · 2 + 3**	**b · (2 + 3)**
b = 3				
b = 2,5				

Der Rechenfehler

Marco hat einige Berechnungen durchgeführt. Dabei hat er nicht alle Vorrangregeln richtig verwendet!

Korrigiere ihn!

Marcos Rechnung:

(15,5 + 18,4) : 3 + 3 · (16,23 – 14,63) =

33,9 : 6 · 1,6 =

5,65 · 1,6 = 9,04

Deine Korrektur:

So ein Durcheinander!

Typisch Professor Holgi! Terme und Texte sind durcheinandergeraten!
Male die beiden zusammenpassenden Kästchen immer mit der gleichen Farbe an!

- Das 5-fache einer Zahl
- p – 1
- Die Hälfte der Zahl
- m · 2
- Der Nachfolger der Zahl
- n + 1
- Der Vorgänger
- a + 5
- k · 5
- c : 2
- Die um 5 größere Zahl
- Das Doppelte der Zahl

Das ungewöhnliche Haustier

Der Professor hat ein sehr ungewöhnliches Tier auf der Schulter sitzen. Löse die folgenden Divisionen mit Rest! Bemale die Reste! Du kannst anschließend das Tier erkennen.

143 : 5 =
1 390 : 7 =
142 : 11 =
481 : 25 =
7 679 : 21 =
25 : 5 =
1 120 : 23 =
8 529 : 69 =
7 806 : 63 =
11 285 : 118 =
3 885 : 162 =
3 3075 : 263 =
1 555 : 30 =
5 420 : 781 =

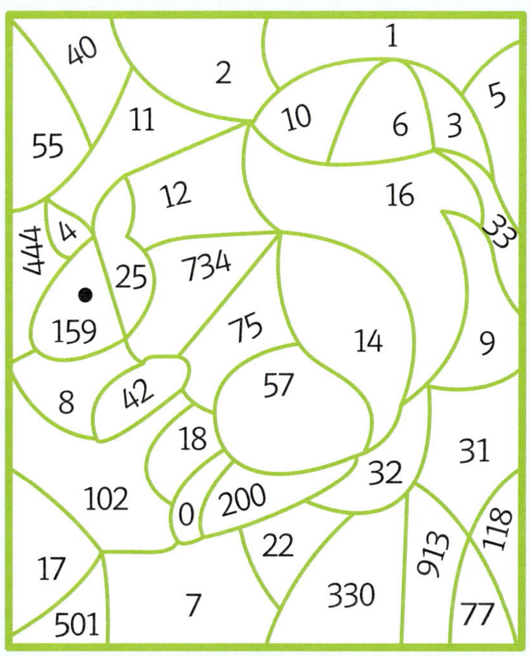

IM SCHWIMMBAD

Die Jahreskarte

Sandra ist 12 Jahre alt und geht häufig schwimmen. Sie überlegt sich den Kauf einer Jahreskarte. Sandra muss ________ mal ins Schwimmbad gehen, damit sich die Jahreskarte rentiert!

Sandras Bruder ist schon 17 Jahre alt. Daher muss er mindestens ________ mal ins Schwimmbad gehen, damit sich die Jahreskarte lohnt.

Sandra muss ________ € bezahlen, wenn sie für sich, ihren Bruder und ihre Mutter eine Jahreskarte für das Schwimmbad kaufen möchte.

PREISLISTE Schwimmbad

Einzeleintritt	
Erwachsene	4,70 €
Jugendliche (bis 16)	3,90 €
Kinder (bis 14)	2,50 €
Wochenkarte	
Erwachsene	19,90 €
Jugendliche (bis 16)	15,90 €
Kinder (bis 14)	9,90 €
Jahreskarte	
Erwachsene	88,90 €
Jugendliche (bis 16)	65,80 €
Kinder (bis 14)	37,00 €

Geheimer Code?

Im Schwimmbad gibt es auch eine Dampfgrotte, die wie ein römischer Tempel gestaltet ist. Darin sind die folgenden Zeichen eingemeißelt. Schreibe diese römischen Zahlen in unserem Zahlensystem! Streiche jene weg, die so nicht stimmen können.

XXXIV = ________ MLI = ________ XXXIII = ________ CD = ________

XXX = ________ MIDI = ________ XXIX = ________ MMLCDI = ________

Wassertemperatur

Im Schwimmbad gibt es auch einen unbeheizten Naturteich. Die Temperatur in diesem Teich hängt vom Wetter ab und verändert sich stark. Der See darf erst ab 18° C benutzt werden.

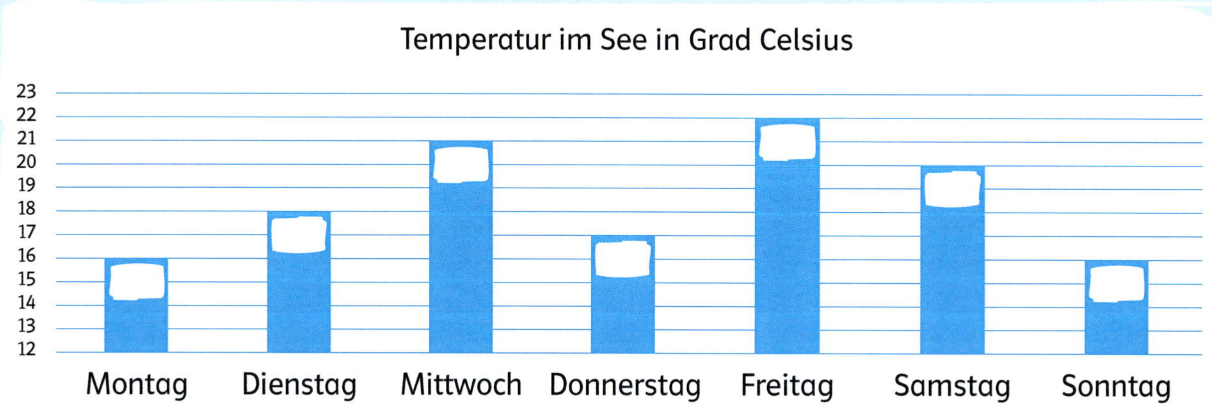

Kreise jene Tage grün ein, an welchen man den See nutzen darf!

Schreibe die Temperatur zu jedem Tag in die Felder!

Kann man in der Grafik auch 0 Grad eintragen? Begründe deine Antwort! ________

____

Wettschwimmen

Sandra macht mit ein paar anderen Schwimmbadbesucher ein Wettschwimmen im 50-m-Becken. Sie sind vor einer Minute auf der linken Seite gestartet und schwimmen die erste Länge.

Welche Aussage passt zu welcher Bahn? Die Schwimmer sind als Punkte dargestellt (für die zurückgelegte Länge eines Schwimmers beachte den Mittelpunkt eines Kreises).

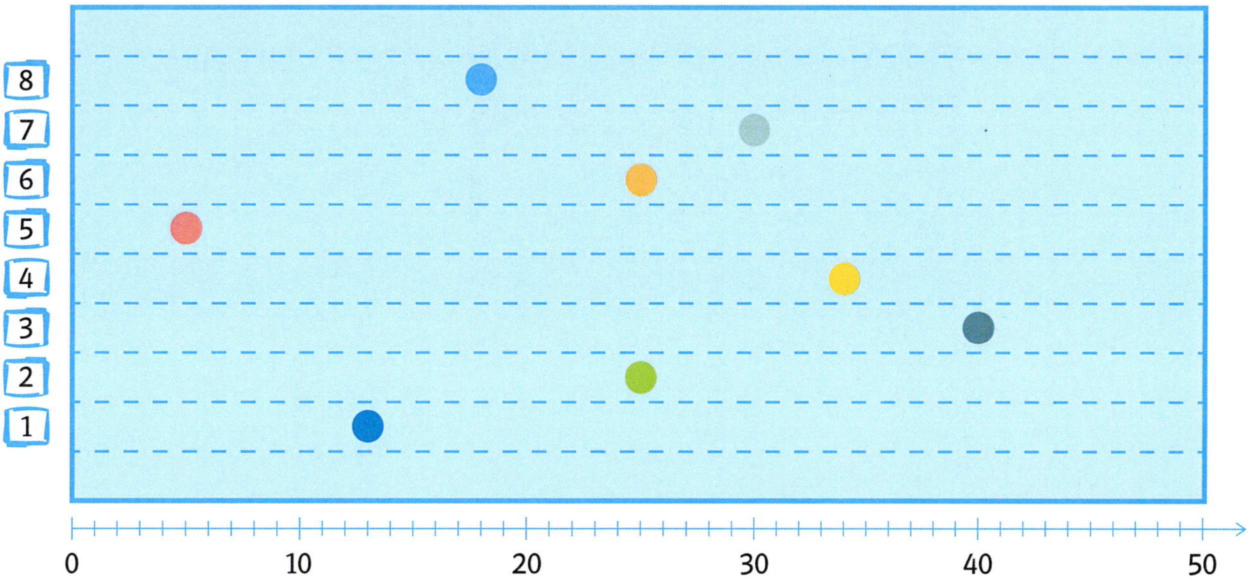

Bahn	Strecke	Aussage
		Ich bin schon 34 m weit geschwommen.
		Ich bin schon 25 m weit geschwommen aber der Schwimmer neben mir ist in Führung.
		Ich bin Zweitletzter.
		Wenn ich noch 10 m schwimme, bin ich am Beckenrand angekommen.
		Ich habe wohl das Startzeichen verpasst.
		Ich habe die Hälfte der ersten Länge geschafft.
		Wenn mich keiner mehr überholt, bin ich an dritter Stelle.
		Meine Bahnnummer kommt in meiner zurückgelegten Strecke als Ziffer vor.

Bis jetzt haben die Kinder gesamt ____________ m zurückgelegt. Im Durchschnitt sind die Kinder nach einer Minute ____________ m geschwommen. Zeichne unter dem Zahlenstrahl $\frac{1}{2}$, $\frac{43}{50}$ und $\frac{1}{10}$ der Beckenlänge ein! Maria benötigt für eine Länge im 50-Meter-Becken durchschnittlich 2,5 Minuten. Sie schwimmt um 14:35 Uhr los und möchte einen halben Kilometer schwimmen, um welche Uhrzeit hat sie ihr Ziel etwa erreicht? ________________

Weltrekorde auf der 50 m Bahn

Stoppe deine Zeit und die deiner Freunde, wenn du im Schwimmbad bist.

Disziplin	Zeit	Schwimmer	Nation	Jahr
Freistil	20,91 s	César Cielo Filho	Brasilien	2009
Rücken	24,04 s	Liam Tanock	Vereinigtes Königreich	2009
Brust	26,42 s	Adam Peaty	Vereinigtes Königreich	2015

AUF DEM BAUERNHOF

Martins Hühner

Martin hat für seine Hühner ein Gehege gebaut. Die Grundfläche hat die Form eines Kreises mit Radius r. Der Mittelpunkt des Geheges ist mit M markiert.
Martins Hühner haben alle einen Namen: Anita, Bärbel, Constanze, Dori, Elfi, …
Sie werden mit ihren Anfangsbuchstaben A, B, C, D, E, … bezeichnet.

Die Hühner befinden sich aber nicht alle im Gehege!
Kreuze die richtigen Aussagen an!

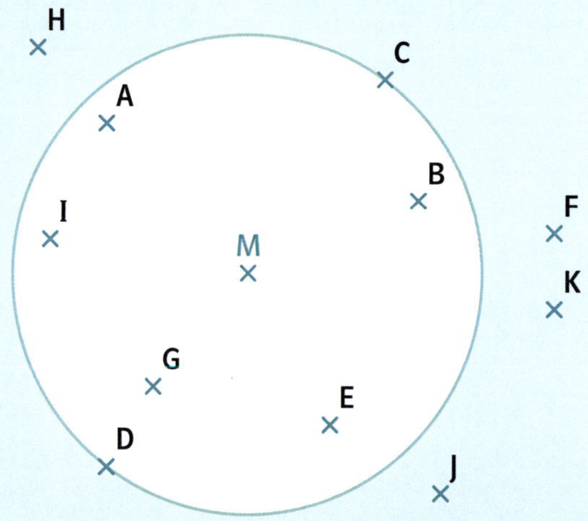

☐	$\overline{AM} > r$	☐	$\overline{AM} = r$	☐	$\overline{AM} < r$
☐	$\overline{BM} > r$	☐	$\overline{BM} = r$	☐	$\overline{BM} < r$
☐	$\overline{CM} > r$	☐	$\overline{CM} = r$	☐	$\overline{CM} < r$

Setze das Zeichen „<", „=" bzw. „>" so ein, dass eine wahre Aussage entsteht!

$\overline{DM}$ ☐ r	$\overline{EM}$ ☐ r	$\overline{FM}$ ☐ r
$\overline{GM}$ ☐ r	$\overline{HM}$ ☐ r	$\overline{IM}$ ☐ r

Wo befinden sich Constanze und Dori?

____

Welche sind deine liebsten Tiere am Bauernhof?

____

____

____

Ein mysteriöses Tier

Welches Tier treibt sich hier auf dem Bauernhof herum?

Konstruiere einen Kreis mit Radius r = 1,5 cm mit Mittelpunkt A!
Konstruiere einen Kreis mit Mittelpunkt X durch den Punkt Y!
Konstruiere die Strecken BH, CI, EK, FL, GM, DJ!

Um welches Tier könnte es sich handeln? Zeichne es fertig!

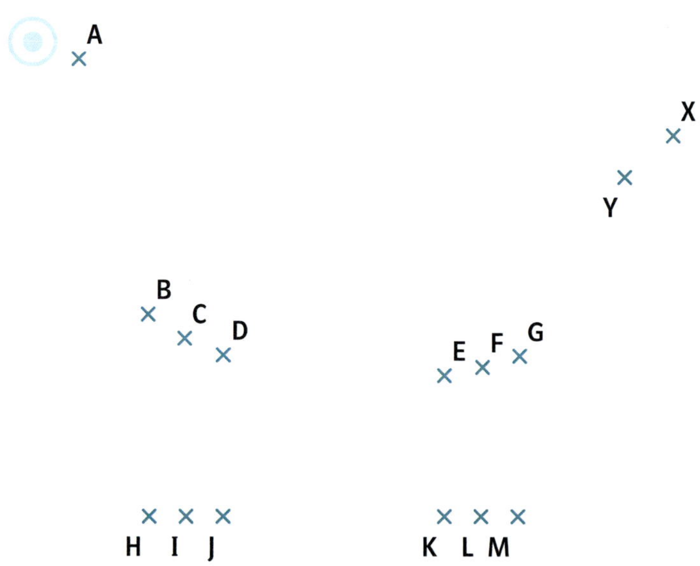

Ein Hasenstall, der Kopfzerbrechen bereitet

Martin hält aber noch andere Tiere auf seinem Bauernhof, zum Beispiel Hasen. Der Auslauf für die Hasen hat momentan eine quadratische Grundfläche mit einer Seitenlänge von 28 m. Aus Platzgründen muss Martin den Stall umbauen. Der Stall darf nur noch 16 m breit sein.

Wie lange muss der Auslauf werden, damit die Hasen dieselbe Fläche wie vorher zur Verfügung haben? Wieviel Zaun braucht Martin dafür? ______________________

Kleines Kreuzzahlenrätsel

Löse die Rechnungen. Trage die Ergebnisse an der richtigen Stelle ein! Achte darauf, dass in jedes Kästchen nur eine Ziffer kommt!

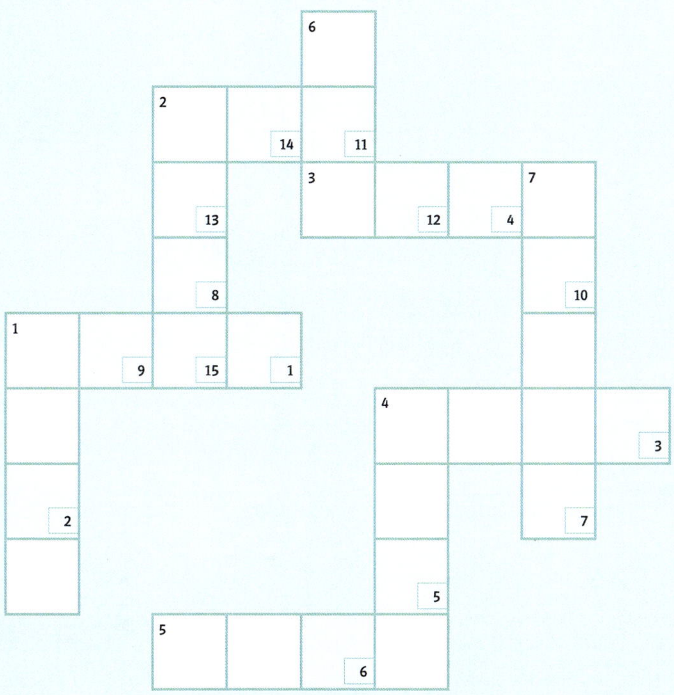

Waagrecht:

1	Subtrahiere das Doppelte von 1 785 von 6 219!
2	Welche Zahl erhält man, wenn man 3 438 durch 9 teilt?
3	Dividiere 24 792 durch 24!
4	Bilde das Produkt der Zahlen 446 und 14!
5	Bilde den Quotienten aus 18 960 und 15!

Senkrecht:

1	Addiere 896, 365 und 1 054!
2	Multipliziere die Hälfte von 1 762 mit 4!
4	Bilde die Differenz von 10 000 und 3 626!
6	Ziehe das Doppelte von 354 von 1 129 ab!
7	Bilde die Summe der Zahlen 17 683 und 16 458!

Wenn du das Kreuzzahlenrätsel richtig ausgefüllt hast, trage nun die Ziffern der markierten Kästchen mit den umrandeten Zahlen **1 – 15** in der richtigen Reihenfolge ein! Löse mithilfe der Codetabelle das Rätsel! Das Lösungswort beschreibt eine sehr nette Beschäftigung in den Ferien.

Ziffern:	11	2	15	1	9	5	14	4	13	3	6	12	7	10	8
Buchstaben:															

0	1	2	3	4	5	6	7	8	9
L	A	B	O	U	F	R	N	H	E

IN DER KÜCHE

Pizzabäcker

Michael hat mit seinem Vater 12 Pizzen gebacken und 5 Kinder zum Essen eingeladen.
Zum Schluss war keine Pizza ganz aufgegessen. Gib an, welcher Bruchteil der Pizza jeweils übrig ist!
Verbinde anschließend zwei Reststücke einer Pizza, die wieder eine ganze Pizza ergeben.

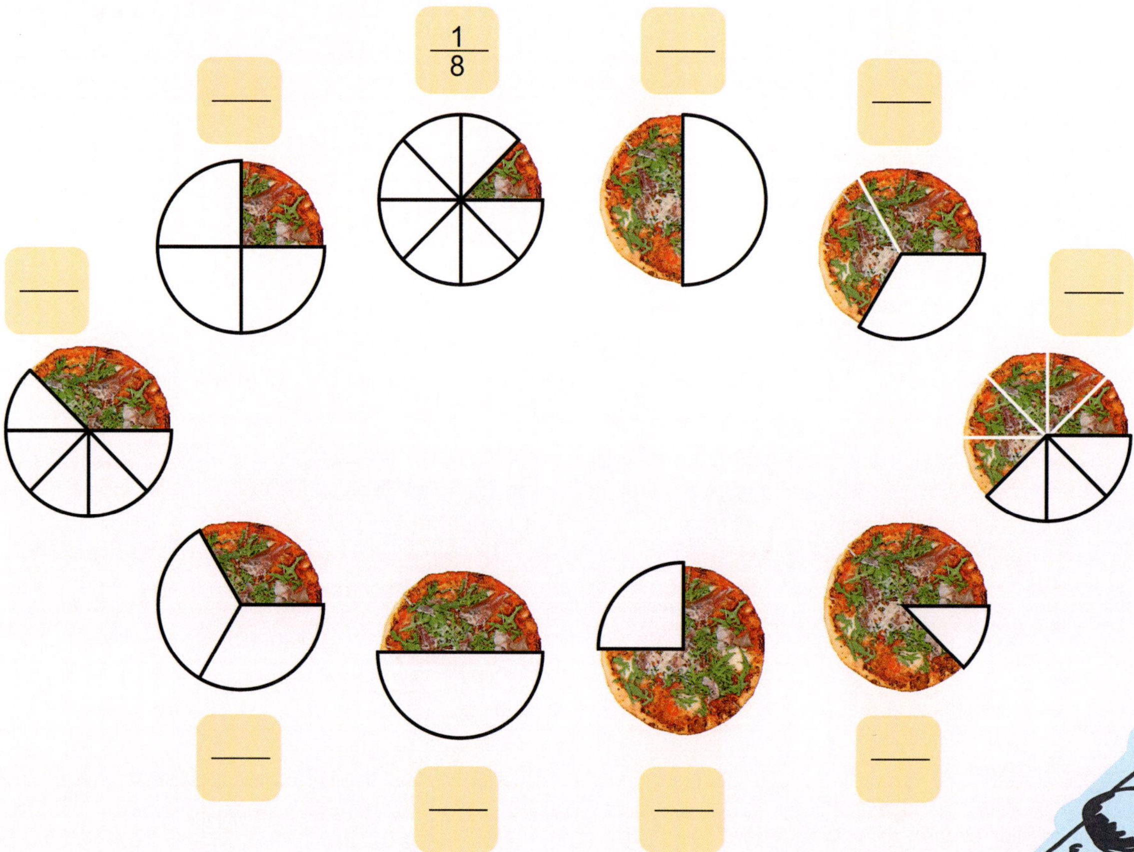

Abwiegen

Nimm eine Küchenwaage und wiege genau ab! Lass Verpackungen dabei geschlossen!

	Masse in Gramm	Masse in Dekagramm	Masse in Kilogramm
1 l Milch	g	dag	kg
1 Packung Butter	g	dag	kg
1 Tafel Schokolade	g	dag	kg
1 Stück Brot	g	dag	kg
1 Packung Salz	g	dag	kg
1 Packung Zucker	g	dag	kg
1 Zwiebel	g	dag	kg

Wie genau kann deine Küchenwaage messen? Begründe! ____________________

Lieblingsspeise?

In einer Klasse sind genau 12 Jungen und 12 Mädchen. Die Kinder dieser Klasse werden nach ihrer Lieblingsspeise gefragt. Die Antworten siehst du in der Grafik.

Die Kinder wünschen sich für ihre Pizza einen ganz unterschiedlichen Belag. Ein Kind mag sein Wiener Schnitzel lieber mit Pommes Frites, ein anderer lieber mit Salat. Kreuze an, welche Aussagen man mit Hilfe der Tabelle treffen kann!

Die Lieblingsspeisen in deiner Klasse

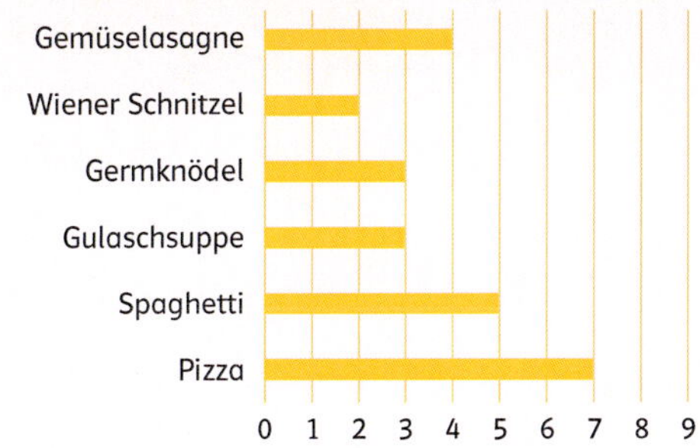

	Aussage
	Weniger als die Hälfte der Klasse mag am liebsten Pizza.
	Die Lehrerin hat bei der Umfrage auch mitgemacht.
	Fast alle Buben mögen gerne Pizza.
	Alle Kinder mögen lieber Pommes Frites als Salat.
	Ein Achtel der Kinder mag gerne Germknödel.
	Ein Drittel der Kinder mag gerne Pizza.
	Gemüselasagne ist für doppelt so viele Kinder die Lieblingsspeise wie Wiener Schnitzel.
	Es gibt genauso viele Buben wie Mädchen, die am liebsten Germknödel mögen.

Muffins zum Nachtisch

Fülle die fehlenden Felder aus! Runde auf Gramm!

	Für 12 Muffins:	Für 24 Muffins:	Für 6 Muffins:
Zucker	120 g		
Mehl	180 g		
Vanillejoghurt	180 g		
Backpulver	15 g		
Vanillezucker	15 g		
Eier	2		
Backtemperatur	180° C	° C	° C
Backzeit	25 Minuten	Minuten	Minuten

Welche Werte sind unabhängig von der Anzahl der Muffins? Begründe!

AM HAFEN

Haben alle Platz im Hafen?

Hier siehst du einen Hafen im Maßstab 1 : 1 000. Miss jedes ankommende Schiff aus und zeichne es genau beim passenden grünen Anlegeplatz ein!

Gib bei jedem Schiff seine wahre Länge in Meter an! 1 cm entspricht ________ m in Wirklichkeit.

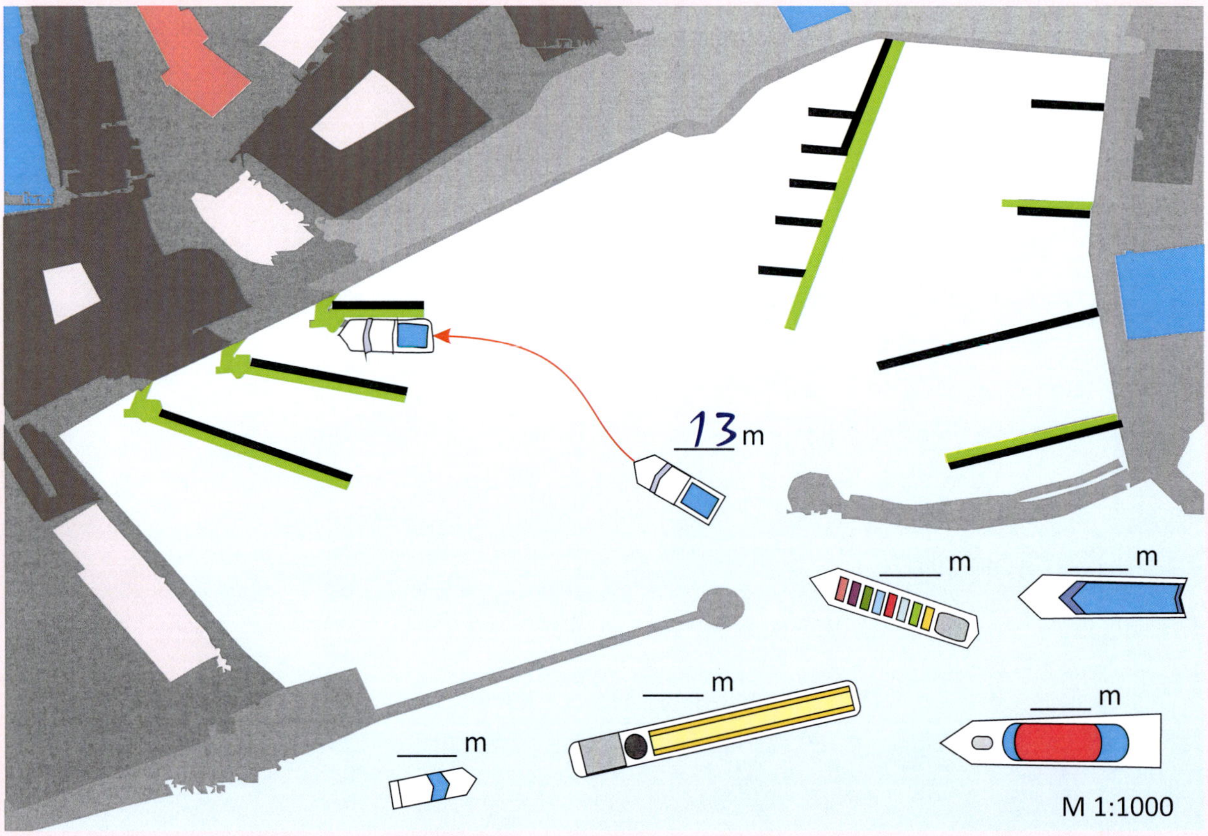

Eine mächtige Flotte?

Welches ist das älteste Schiff? ____________________

Welches ist das längste Schiff? ____________________

Wie viele Passagiere könnten auf allen Schiffen zusammen Platz finden? ____________________

Name	Baujahr	Länge	Breite	Passagiere
MS Austria	1939	5 990 cm	1 120 cm	1 200
MS Montafon	1957	27,72 m	4,27 m	160
MS Vorarlberg	1965	61,95 m	12,05 m	1 000
MS Stadt Bregenz	1990	4 190 cm	860 cm	300
MS Alpenstadt Bludenz	2004	32,5 m	7,2 m	250
			Summe:	

Information: MS steht für Motorschiff

Das längste Motorschiff (MS) der Flotte

Auf dem Bild siehst du das längste Schiff der Flotte. Skizziere die anderen Schiffe im richtigen Größenverhältnis daneben. Achte auf die richtige Einteilung, damit alle Schiffe Platz haben! Beschrifte jedes Motorschiff!

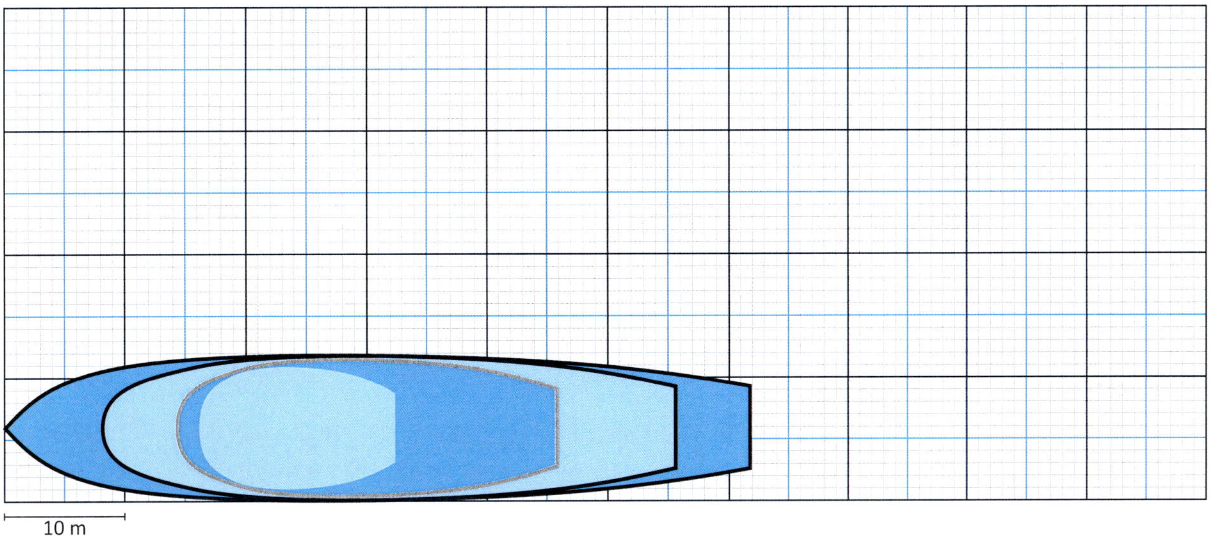

Schiff oder Zug?

Martin wohnt in Bregenz und möchte nach Friedrichshafen fahren. In beiden Städten ist der Bahnhof neben dem Hafen und er könnte sowohl mit dem Zug als auch mit dem Schiff fahren.
Wie lange dauern die Fahrten? Was ist schneller?

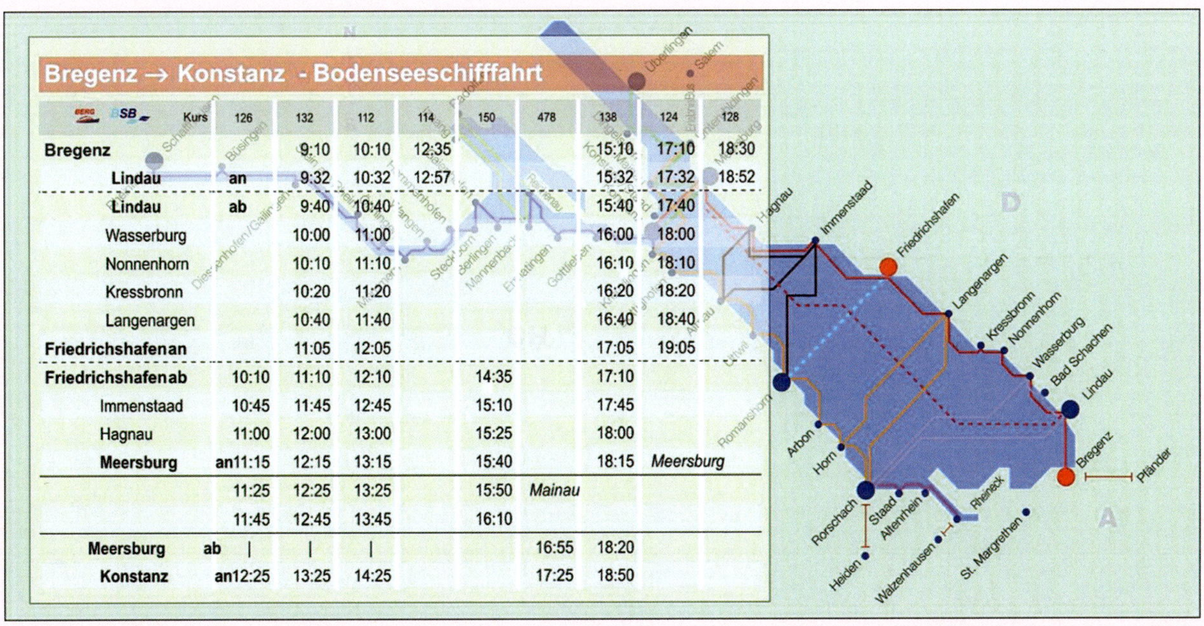

Bregenz → Konstanz - Bodenseeschifffahrt

Kurs	126	132	112	114	150	478	138	124	128
Bregenz		9:10	10:10	12:35			15:10	17:10	18:30
Lindau	an	9:32	10:32	12:57			15:32	17:32	18:52
Lindau	ab	9:40	10:40				15:40	17:40	
Wasserburg		10:00	11:00				16:00	18:00	
Nonnenhorn		10:10	11:10				16:10	18:10	
Kressbronn		10:20	11:20				16:20	18:20	
Langenargen		10:40	11:40				16:40	18:40	
Friedrichshafen an		11:05	12:05				17:05	19:05	
Friedrichshafen ab	10:10	11:10	12:10		14:35		17:10		
Immenstaad	10:45	11:45	12:45		15:10		17:45		
Hagnau	11:00	12:00	13:00		15:25		18:00		
Meersburg	an 11:15	12:15	13:15		15:40		18:15	*Meersburg*	
	11:25	12:25	13:25		15:50	*Mainau*			
	11:45	12:45	13:45		16:10				
Meersburg ab	|	|	|			16:55	18:20		
Konstanz	an 12:25	13:25	14:25			17:25	18:50		

Verkehrsmittel	Ab Bregenz	Nach Friedrichshafen	Dauer (h:min)
Zug	08:30 Uhr	10:21 Uhr	
Schiff			
Zug	10:09 Uhr	12:22 Uhr	
Schiff			
Zug	11:35 Uhr	13:17 Uhr	

Bildnachweis Sommertraining Mathematik AH 1, 09179:

S. 2: Ronald Nickel, Rüdesheim am Rhein; **S. 8.1:** © ÖBB; **S. 8.2:** © ÖBB; **S. 8:** booka / Fotolia; **S. 18.1:** -Albachiaraa- / Thinkstock; **S. 18.2:** Zoonar RF / Thinkstock; **S. 18.3:** Natasa Tatarin / Thinkstock; **S. 18.4:** Natasa Tatarin / Thinkstock; **S. 18.5:** Veronaa / Thinkstock; **S. 18.6:** Cheryl Graham / Thinkstock; **S. 18.7:** darklord_71 / Thinkstock; **S. 21:** Toltemara / iStockphoto.com; **S. 25.1:** Phongsiri / Thinkstock; **S. 25.2:** white / Fotolia; **S. 28:** Issaurinko / Thinkstock; **S. 31:** VL Bodenseeschifffahrt GmbH & Co KG